任性出版

重考、被當、失敗、轉行，
頂尖科學家也曾被人唱衰看輕，
他們如何化解、何時開竅？

找到強項，偏才也會變天才

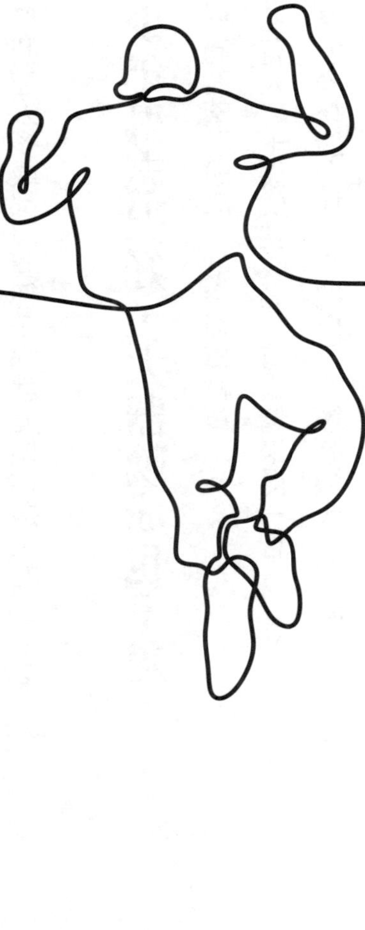

知名科普作家
劉茜 ◎著

第三章 日常生活中，他們總有地方跟正常人不一樣

第四章 為真理而奮鬥，你得願意拿命出來賭

第五章 一個人太孤單，需要一起進步的夥伴

第六章 能力再好，也難敵生不逢時

推薦序一

找到生涯亮點，每個人都可以是學霸

《學霸斜槓 plus 魯蛇逆襲》作者／簡單

我曾採訪過臺灣當代近百位不同行業的職人，在他們形形色色的職業、活得精彩熱烈的人生故事裡，一次次驗證「**發揮生涯優勢能力，每個人都可以成為自己熱情領域的學霸**」。我想透過這些訪談，帶讀者看見更多元的生涯可能，拓展人生選擇的視野。

而這本由科普作家撰寫的《找到強項，偏才也會變天才》，進一步聚焦古今中外科學家的學習與生涯探索歷程，道出科學家不為人知的人生故事，並提出許多打破你我刻板印象的實例，和對教育思維的省思。讀者在令人驚奇、有趣、讚嘆的真實故事中，一定會不禁莞爾：科學家並非都是天降神兵，他們學習也會被當！實驗室固然冷冰冰，但科學家也是人！他們也有調皮、浪漫、溫情、憤慨等七情六慾，更有追求夢想執著不悔的固執。讀著充滿人味的科學家生命故事，科學彷彿也不那麼冰冷而遙遠了。

透過本書，可以讓人反思：科學家，一定都是制式教育下，成績比序超前的優等生嗎？人稱雕塑家、發明家、解剖學家、建築師、數學家、音樂家和作家，所有你能想得到的「專家」，放到他身上多半都不會有人反對的達文西，他不僅來自社會底層，甚至根本沒有上過學，更甭提跟誰成績比序！然而，放眼古今，如此博學且各領域皆專精，有誰能夠跟他比？此外，還舉了理科一度吊車尾的數學家錢偉長為例，能激勵當前在理科學習跌跌撞撞的孩子，別輕言放棄！

又例如書中主角之一，也是我的偶像，兼具浪漫與幽默的量子物理學家理查．費曼。在他（差點被當掉）的哲學選修課的論文結尾，有著他對好奇、求知的幽默詮釋：「我想知道為什麼我想知道這是為什麼。我想知道究竟為什麼我非要知道，我為什麼想知道這是為什麼！」

這本書讓我們看見：**找到自己的生涯亮點，專注於有興趣的事物，並發揮優勢能力，在自我實現的同時，精研的領域也能帶給世界全新的驚喜和進展**。而即使實驗搞砸，也是排除錯誤的方法，反而更靠近成功（例如發現抗生素「青黴素」的科學家，其實是不小心讓雜物掉進實驗器皿），同樣對世界有貢獻，價值無可比擬，何須與任何人一較長短！

推薦這本書給有志走科研，或想一窺科學家成名背後生涯歷程的讀者。看一看科學家們如何在熱情和求知欲的驅使下，走進充盈新知寶藏的「結界」之中，沉入渾然忘我的心流狀態，因發現而狂喜、因解惑而滿足。

祝福你也能找出自己的生涯亮點，活出屬於你獨一無二的精彩人生。

推薦序二

成為某個領域的「天才」，讓你更容易被看見

《不是資優生，一樣考取哈佛》作者／曾文哲

從小到大，我對科學家的故事總是興趣缺缺，覺得他們就是一些怪胎，整天埋首在實驗室裡，研究奇奇怪怪的東西。但當我看到科普作家劉茜寫的這本書時，眼睛卻為之一亮！作者用極為幽默風趣的筆法，分享科學家有趣的一面，並深刻剖析他們成功的原因，這是我們在教科書上看不到的，讓人印象深刻。

本書有些內容會顛覆大家的印象。以哥白尼為例，大家對他的印象是一位天文學家，但他原本竟然是醫生，利用業餘時間鑽研天文學，之後才逐漸在天文領域發光發亮。而除了醫學之外，他還對貨幣學頗有研究，撰寫過相關報告，「劣幣驅逐良幣」這句話竟然也跟哥白尼有關。

作者提到一個很有啟發性的概念，就是「業餘也能成為專家」。書中提到的許多科學家，最初都是從興趣開始，最後「無心插柳柳成陰」，而成為某個領域的佼佼者。例如，大家耳熟能

詳的達文西，他不只是一位知名畫家，也是發明家、數學家、解剖學家、工程師。為什麼說他是業餘呢？因為他只接受過些許教育，根本沒上過大學，依照大家對知識分子的定義，他顯然連邊都沾不上，根本不入流。然而，他憑著對這些領域的喜好，以及一顆求知若渴的心，投入大量時間學習、研究，並與其他專家持續交流，一樣能夠能為專家中的專家。

每個人都有自己的喜好，即使是在枯燥乏味的學校課程中，也一定有比較感興趣的領域。例如有些人特別著迷於歷史，或是喜歡觀察小生物、喜愛外國文學及語言等。一般來說，自己有興趣的領域表現會比較好，因為願意投入較多的時間與心力。現代教育的趨勢強調特色、專長，如果能夠在某個領域有傑出表現，在升學時就容易得到大學教授青睞。近幾年，甚至開設了「特殊選才」這個管道，讓有專長的學生不用經過學測與分科測驗，直接拿到入學資格。簡單來說，培養自己成為專才絕對不吃虧！

作者在這本書也提到一些感人肺腑的故事，賺人熱淚。英國的知名科學家霍金，在二十一歲時就被確診為肌萎縮性脊髓側索硬化症（Amyotrophic Lateral Sclerosis，簡稱ＡＬＳ），也就是俗稱的「漸凍人」。原本醫師判斷他的壽命只剩下兩年，但他憑著意志力，硬是活到七十六歲，簡直是醫學奇蹟。更讓人佩服的是，他在手腳無法活動、呼吸要仰賴氣切管的情況下，還能夠擔任劍橋大學的教授，並發表數十篇對科學界具有深遠影響的論文，更撰寫了一本銷量千萬的超級暢銷書——《時間簡史》（*A Brief History of Time*）。

總結來說，這些科學家們雖然個性與人生經歷迥異，但他們確實有一些共同點：興趣、才華，以及夠長的專注時間。只要勇於追求自己的興趣，並投入夠多的心力、堅持不懈，或許未來某天你也能夠成為書中收錄的主角之一！祝福大家都能從本書得到靈感與啟發。

前言

天賦，就是興趣、才能和時間的組合

本書的起源，是我在二〇一三至二〇一四年間，為《科學Fans》雜誌（按：中國課堂內外雜誌社出版，以中學教材為基礎，提供學生生活化的補充、延伸資料）撰寫專欄，寫一些歷史上科學家們的零碎軼事，以及關於這些軼事的感想。

這個世界上，並不存在我們心目中的「天才」，那種出現在童年勵志故事裡，總是同一種面孔：嚴肅、古怪，缺乏生活能力，卻極其聰敏。真實情況是，以才智和熱情，為我們這個世界的科學與文明，做出巨大貢獻的那些人，其實全都是「非典型」。他們也是曾經生活在這個星球上的地球人，雖然他們的思考速度和方式，可能與我們大多數人不同，但他們不是為了在考試中為難我們，才做出這麼多新發現。

去除「愛因斯坦（Albert Einstein）的板凳」或「牛頓（Sir Isaac Newton）煮懷錶」等杜撰故事中的刻板印象後，你會發現要成為像他們一樣的人，首要條件絕不是呆板和古怪。**想成為一名天才，和成為一名優秀的、任何行業的翹楚都一樣，需要的只是興趣、才華和夠長的專注時**

間，在這三道主菜之外，要搭配任何的附餐、甜點，都是個人自由。

（按：「愛因斯坦的板凳」指愛因斯坦小時候，曾交給老師一張簡單粗糙的椅子，被老師嘲笑，他又拿出兩張更粗糙的椅子，並告訴老師：先交出去的是他第三次做的。雖然第三張椅子品質還是很差，但已經比前兩次好，這個故事用來鼓勵人只要努力就能進步。「牛頓煮懷錶」指的是牛頓某次在腦中想問題，想到肚子餓了，決定煮雞蛋吃，但過了幾分鐘，他掀開鍋蓋一看，裡面竟然是自己的懷錶，而雞蛋在自己手上。牛頓這個故事常用來說明正因為他專心思考問題，才能成為偉大科學家。）

不管在哪一個時代，科學最前線都是與未知一起跳危險的貼面舞（按：一種舞步，跳舞時兩人不僅面部緊貼，身體也緊靠在一起），是什麼讓他們確信自己的腳步堅實可靠，能一直邁步向前，而不會一腳踏入神祕的窠臼或是錯誤呢？是什麼能劃分科學和偽科學、準科學、擬科學，而科學的根本又是什麼呢？

某方面來說，本書展現的是一種「排除法」的嘗試，**去除傳聞和軼事加諸於科學家身上的種種戲劇性和傳奇性，尋找他們真正的共同點**。這些以一己之力拓展人類認知的人們，有著不同的出身、背景和遭遇，對大自然有不同類型的好奇心，他們關注不同領域、有不同的發現。但他們稟承的是同樣的原則和理念：承認世界可以被認識；承認紛繁複雜的現象中，客觀規律需要得到事實驗證；承認自己的工作方法，是對真實的無限逼近，同時也承認未知的存在。他們的判斷，不訴諸情緒，不訴諸權威，當然更不會訴諸神祕。

我們把這些原則和理念，稱為科學精神。它是支持科學家立身於已知世界的前端，朝未知邁步的根本，也是生活在已知世界的我們，在網路時代鋪天蓋地的資訊轟炸中，尋找真實的依託。這本書有幸出版，希望它能為讀者提供一點基於科學的趣味和美感，其實是和我們普通人的經驗相通的，因為這些優秀的天才，他們也是人。

第一章

關於科系的選擇，學霸也有煩惱

01

讀了這科系後卻發現沒興趣，怎麼辦？

對學生來說，考試都是學習生涯必不可少的一部分。差別只在於，成績差或得不到成就感的學生，往往痛恨考試（有時「恨屋及烏」，還可能連帶討厭所有被拿來命名各種定理和方程式的人）；而成績頂尖的學生則期待考試，因為考試能為他們帶來可預期的好處：自我滿足、成就感和聲望，甚至對某些人來說，考試還是他們獲得獎學金的提款機呢！不過，天才並非樣樣通，有些人偏偏在某些科目上就是表現不好，這可能會讓他們在升學考試上頗費工夫。

如果現在讓全國所有學生投票選出一門科目，讓它從升學考試中消失，數學恐怕會不幸成為得票數最高的那門科目。它不只折騰了一般的學生，不少資優生也為它所困。不過，資優生之所以資優，就是因為他們總能想出辦法。比方說，俄羅斯心理學家伊凡．彼得羅維奇．巴夫洛夫（Ivan Petrovich Pavlov，一八四九－一九三六年，古典制約理論的提出者）就是如此。

巴夫洛夫原本讀神學院，因為他父親是位神父。神學院裡可不會好好教人數學，但他畢業之後，想進聖彼德堡大學（Saint Petersburg State University）的數學物理系攻讀自然科學，該怎麼辦呢？沒關係，他自有妙計。

巴夫洛夫先拿到了神學院的學業證明和推薦函，再去申請聖彼德堡大學的法學院，當時法學院入學不需要考數學，他的申請很順利就通過了。註冊入學後，他寫了一封言詞懇切的申請信給校長，表示自己當初申請院系時考慮不周，如今覺得自己更喜歡自然科學，一定要申請轉系去讀自然科學，不然他簡直夜不成眠。

巴夫洛夫一家的外形都矮小結實，神情也比較莊重，他還少年老成的留了一把鬍子，看起來就是個第一次進大城市的鄉下樸實好青年。校長一時心軟，年輕人嘛！誰年輕時能處處考慮周全呢？因此決定原諒他一回。於是，校長大筆一揮，巴夫洛夫轉入數學物理系攻讀自然科學，俄國的未來也就此多了一位獲得諾貝爾獎的大學者（按：巴夫洛夫於一九〇四年獲得諾貝爾生理醫學獎）。

沒學過數學，怎麼當上科學家？靠誠懇的轉系申請信

巴夫洛夫的故事其實還有後話，因為他還有兩個弟弟。大弟德米特里（Dmitry）在第二年如法炮製，也是從老家的神學院畢業後，先申請聖彼得堡大學法學院，再從法學院申請轉系。校長一看，這申請單好眼熟，一個字都沒有改，難道穿越回到過去了？再仔細一看，這個巴夫洛夫

是之前那個巴夫洛夫的弟弟。這家的孩子都這麼容易在同一個點上「考慮不周」嗎？

但不得不說，校長還真是個好說話的人，填報志願難道不應該早點想好嗎？假如每個人都想轉就轉，學校還能正常上課嗎？話又說回來，要是發現自己確實不適合這個科系，勉強念下去也沒什麼意思。聖彼德堡大學是國立大學，由國家撥款支持，是要為國家培養人才的，能讓每個學生都成才當然是校長的理想。於是，他再次大筆一揮，德米特里也和哥哥一樣，轉去讀自然科學。而且老實說，大學在校期間，德米特里的表現比他哥哥更好。

▲伊凡．彼得羅維奇．巴夫洛夫，此圖為他於1904年獲得諾貝爾獎時所用的肖像照。

故事進行到這裡，本來應該是一段佳話。可是，巴夫洛夫家第三個兒子也該上大學了。於是，聖彼德堡大學法學院又迎來一位新生，一個月以後，校長又收到一封轉系申請單。

這次，校長有點生氣了：你們這家人到底是怎麼回事？我的教育作風是很嚴謹的！我的學生要做什麼事情，一定要先嚴謹思考，再嚴謹行動！年輕、幼稚不能成為你們這麼兒戲的理由！不能批准！

所以，聖彼德堡大學法學院第三位巴夫洛夫的轉系申請被駁回了。不過沒關係，巴夫洛夫小弟的數學恰好非常不錯（兄弟，你們該不會是為了跟校長鬧著玩吧），自己成功的考進數學物理系。於是，巴夫洛夫三兄弟在數學物理系會師，三位也都做出很不錯的成就，特別是大哥。因為「巴夫洛夫的狗」已經被課本描述為制約反射的代名詞，我們一生中可能會遇到不少跟它有關的考題，希望這段故事能幫助你們正確回答（按：「巴夫洛夫的狗」實驗，是在提供食物給狗之前發出鈴響，讓聲音與食物產生連結。本來狗看到食物才會分泌唾液，最後則會在只聽見鈴聲、沒有食物的情況下也分泌唾液，聲音與唾液分泌的關係被稱為制約反射）。

巴夫洛夫機靈的避開數學考試，不過，勉強也算是符合程序。而且在他的科學研究中，也確實沒有用上太多數學，所以沒考數學也沒關係吧！

入學時物理只考五分，最後成為科學家

但如果是**考大學時數學、物理和化學三科加起來只考了二十五分，後來卻成為全國首屈一指的數學家**，反差就有點大了——這個人到底怎麼考上大學？是因為他的國文和歷史都拿了滿分。

這位當時還在吊車尾的「未來數學家」姓錢——錢這個姓氏專出資優生，而且光是姓錢的資優生，就有兩位在考清華大學（按：為北京的清華大學）時，考出「慘絕人寰」的數學分數。錢鍾書（按：中國著名作家、文學家）先不說，反正他讀文學院，數學考十五分對他的學業來說，並不造成任何障礙，反而還算是一段別緻的趣談。但是，這位後來奠定中國近代應用數學和

力學基礎的數學家，則是在大學期間，經歷過一段非常艱辛的努力後，才真正脫胎換骨。

錢偉長（一九一二—二〇一〇年）考上清華大學時是一九三一年，那時候他快滿十九歲，因為小學和中學的基礎打得不好，入學時數學、物理、化學、外語四科基本上算是都不會，體檢時各項身體素質也都不合格——現在的人可能很難想像，一個大學一年級的男生，身高只有一百四十九公分；但當時生活艱苦，缺乏營養和鍛鍊，這種情況並不罕見。

清華錄取他時，當然是因為他滿分的國文和歷史成績[1]。但是，很快就發生了九一八事變（按：一九三一年九月十八日，在中國東北爆發的軍事衝突，三個月內日本關東軍便侵占中國東北全境，隔年建立滿洲國），錢偉長同宿舍的物理系學長鼓勵他轉去物理系，更能夠報效國家。

▲錢偉長，此圖為1937年，他畢業於中國清華大學時的照片。

1 當年的國文和歷史考卷，是由國學大師陳寅恪親自出的題。陳寅恪學貫中西，通曉二十多種語言，被稱為「教授的教授」，治學之嚴格不用說。和當時的那份考卷比起來，現在的升學考可以說簡直充滿人道主義的光輝，所以錢偉長考滿分是非常厲害的。

國家有難之際，願意投身科學的人才是多多益善。可是，錢偉長入學考試時，物理只考了五分，而且他不會英文。當時，清華物理系是用英文課本、英文授課，沒有基礎要跟上進度實在太難，不論誰當系主任，都不可能答應這種轉系申請。讓一個因為國文和歷史滿分而拿到獎學金的學生，去念他完全不會的物理，怎麼看都是一種嚴重的浪費！

但是，**一個人之所以能夠成為菁英，就是因為他有超乎常人的堅強意志力，一旦做出決定，就會堅持到底**。於是，錢偉長用各種方式糾纏系主任，搞得對方沒辦法工作，無奈之下雙方最後約定，一年後如果錢偉長的普通化學、普通物理和高等數學三門學科，全都能得到七十分，就同意他轉到物理系。

接下來就是地獄式的惡補時間。在一年的時間裡，要從幾乎零基礎，飛躍到大學一年級學生的水準（別忘了那裡是清華，中國最頂尖的大學），難度之高，絕對沒幾個人能辦到。當時每週都有小考，錢偉長前面七週都考得慘不忍睹，但他一直堅持努力，逐漸摸索出學習規律後，成績突飛猛進，一年之後不但數學、物理和化學成績都及格，體育成績也提升，參加全校越野賽跑居然還拿到第八名。

當時，和錢偉長一樣申請轉去物理系的學生共有五個，其他四位的基礎毫無疑問都比他好，但最後只有他一個人完成學業，並以優異的成績畢業，之後成為著名的數學家和力學家。

另外，還得指出的一點是，以上兩位科學家之所以不擅長數學，都是因為他們沒有太多學習數學的機會。巴夫洛夫是神學院出身，而錢偉長從小受的是嚴格的國學教育。但是，他們有機會接觸到這門學科，卻很快達到必須的程度。所以，把當年的數學低分和現在的數學低分類比是不公平的，也不應該把這類資優生的存在，當作「數學無用論」的證據。這就跟程硯秋[2]在倒嗓後開創「程派」，就認為嗓子對京劇演員不重要一樣，都是嚴重的歸因錯誤。數學很重要，它不只改變我們的生活，甚至可以說，如果沒有數學的發展，就沒有現代的科技文明。

就算考差了，也有意義

當然，**對世界級科學家來說，數學沒那麼可怕。數學確實偶爾會變成絆腳石，但那多半是在探索與發現的過程中，尋找新的數學工具的時候。**比方說，維爾納．海森堡（按：Werner Heisenberg，德國物理學家、量子力學創始人之一）就曾經用絕望的口氣對朋友說：「矩陣！我連什麼是矩陣都不知道！」但當他學會之後，就用矩陣表示出量子力學理論。愛因斯坦也是費

2 京劇表演藝術家，「四大名旦」之一，青衣程派創始人。如果你在電視上，看到一個穿著素淨的旦角站在舞臺中間，兩隻手一上一下在腹部前方一擺，俗稱「抱肚子青衣」多半就是學程派。程硯秋也是史上第一個大塊頭名旦，絕對不以身段取勝。

了好大力氣，多虧好朋友格羅斯曼・馬塞爾[3]（Grossmann Marcell）的幫助，才搞定黎曼幾何（Riemannian geometry），要不然他根本不可能提出廣義相對論。

但是，這是站在研究最前線，與新的未知搏鬥時，才發現自己的「武器」不夠用，需要更新、更強大的數學工具；而像考試中會出現的數學，只是常規的數學工具，那是必須具備的基本技能。很少聽到頂尖理科人才的數學考試不及格，他們一般都是敗在歷史和語文上，比如愛因斯坦第一次考大學時，就是因為這兩門考得不好，沒通過考試。

這裡得替愛因斯坦澄清一下，他似乎因為板凳的故事（見前言），而有著智力上的「醜小鴨」形象，但這其實是天大的誤會。愛因斯坦從小到大功課一直都很好，絕對是名列前茅的那一群人。他第一次考大學失敗，主要是因為他討厭父親「要學就學個有實際作用的專業」的最高指示，壓根沒好好讀書，甚至在考試之前還跑去旅遊。在風光秀麗的北義大利旅遊想必很爽，不過他得到的結果卻一點都不爽——他毫無意外的栽在法語和歷史這兩科，就算好友格羅斯曼特地把筆記借給他，也沒用。

▲ 愛因斯坦於1921年獲得諾貝爾獎時所用的肖像。

但是，他那個時候才十六歲，高中都還沒畢業，經過惡補，第二年很順利就入學。二〇二〇年，諾貝爾獎官方公布了愛因斯坦高中畢業時的成績單，其中代數、幾何、投影幾何、物理和歷史都是六分（滿分），德語、義大利語、自然歷史和化學得了五分，地理、繪畫、工業繪圖也有四分，只有法語「依然故我」的三分。但是總括來說，愛因斯坦算得上是文理兼優了。

話說回來，進了大學也不是就能高枕無憂到畢業，要留意的地方不少。**首先，不是每個人都剛好讀到自己喜歡的科系**。比方說，愛因斯坦被老爸逼著去念師範課程，不只內心不情不願，他也經常被教授嫌棄，以至於畢業很久都找不到工作，只能在報紙上登廣告，幫人補習、家教。倘若有人能穿越回那個年代的蘇黎世，可得認真留意報紙上的資訊，愛因斯坦這位大學者，一輩子就這麼一次，主動把自己的名字印在報紙上，機會不容錯過！

其次，**並不是進了大學就不再考試，大學的考試更特別**。比如劍橋有名的 Tripos 數學考試，在過去幾百年裡，有好長一段時間都是應試教育的典範，完全只能靠題海戰術來應付。新生們入學之後，必須接受填鴨式的考試培訓，學院裡則有專門培訓新生的教授，堂堂三一學院（按：劍橋大學中規模最大、名聲最響亮的學院之一，著名校友包括物理學家牛頓、哲學家羅

3 瑞士數學家。雖然他專攻數學，但他研究的黎曼幾何，為愛因斯坦廣義相對論的發展提供重要的步驟。相對論研究者們為了彰顯格羅斯曼對物理學的貢獻，每三年都會舉辦一次馬塞爾．格羅斯曼會議。

素、剛繼位的英國國王查爾斯三世等）搞得像是一個超大型的考試工廠。

在Tripos考試中獲得好成績，是一件非常了不起的事，要是能拿到前十名，絕對是可以刻在墓碑上的成就，所以人人認真對待，再討厭它也得拚命去考。這種制度，其實是牛頓當初跟歐洲大陸的數學家們爭執的後遺症，兩邊的數學界差不多有兩百年都不相往來，英國的數學沒有新發展，只能做這種僵化的應試教育，直到進入二十世紀之後才得以改革。所以，被這個考試折磨過的名單真是太長了，不忍心列出來。

Tripos考試還有一個詭異之處，是幾百年統計下來，考到第二名的人，成就遠比考第一名的人高得多。對我們普通人來說，要看一個學者成就高不高，最簡單的判別標準就是他的名字被印上教科書。如果按照這個標準，Tripos的榜眼們隨便一算就有詹姆士·克拉克·馬克士威（按：James Clerk Maxwell，主要功績在電磁學領域，有些觀點認為他對物理學的貢獻僅次於牛頓與愛因斯坦）、約瑟夫·湯姆森（按：Sir Joseph John Thomson，一九〇六年諾貝爾物理學獎得主）、克耳文男爵威廉·湯姆森（按：William Thomson, 1st Baron Kelvin，發現絕對零度，並因他在熱力學上的貢獻，後人便將熱力學溫標單位定為克耳文〔符號為K〕）等你一定在課本上看過的名字；至於狀元們……約翰·恩瑟·李特爾伍德[4]（John Edensor Littlewood）你認識嗎？

最後，要拿到學位，也得從考試裡一路殺出重圍。比如海森堡的博士口試，就被考官刁難，差點沒過關——平心而論，海森堡算是咎由自取，因為他在學時沒把實驗課放在心上，他上實驗課最經常做的事，就是跟沃夫岡．包立（按：Wolfgang Pauli，一九四五年諾貝爾物理學獎得主）聊天。包立可不是個可靠的實驗搭檔，相反的，他被所有實驗室列為拒絕往來戶，屬於碰什麼都爆炸的超級「祥瑞」[5]，所以，這兩位上實驗課都不照規矩。

據說，有一次實驗課是測定音叉頻率，兩個人一如既往的瞎聊，眼看下課時間快到了，才開始動作。幸好海森堡有深厚的古典音樂功底，彈得一手好鋼琴，有傳說中的「絕對音感」，能夠直接聽出一個音的音高，匆忙間用耳朵測定音叉頻率，交出去充數——他們的實驗老師是威廉．維恩[6]（Wilhelm Wien），這老頭記性非常好，什麼都看在眼裡。海森堡的博士口試剛好被他遇到，於是他張口就是問各種

▲維爾納．海森堡，此圖約攝於1927年。

---

4 英國數學家，他大部分工作都是在數學分析領域中，不是相關專業的人很難知道他。李特爾伍德和英國數學家戈弗雷．哈羅德．哈代（Godfrey Harold Hardy）是長期的合作夥伴。不過，他的名氣和成就都不如哈代，還曾經被人吐槽：「什麼？真的有李特爾伍德這麼個人？我還以為那是哈代用來發表他不那麼滿意的文章時，所用的筆名呢！」

5 可怕的「包立效應」（Pauli effect）是科學家們津津樂道的極少數非科學效應之一，後面會再提到（見第一七八－一八〇頁）。

6 提出「維恩位移定律」，說明一個物體越熱，輻射譜的波長越短。在海森堡和包立還是小屁孩時，他就拿了諾貝爾物理學獎（一九一一年）。

實驗問題，海森堡頓時被問得期期艾艾，潰不成軍。幸好，他最後還是平安的低空通過，在合格的「優良、良好、尚可」等級之中，得到剛剛好及格的「尚可」，沮喪到連他的老師阿諾．索末菲（Arnold Sommerfeld）特地為他安排的慶祝舞會都沒參加。

關於這次不太成功的口試，還有一段有意思的後話：博士口試時，維恩的其中一個提問是關於光學儀器的分辨能力問題，因為波長越小，儀器的解析度越大，但光的波長並不是無限小的。當時，海森堡沒回答好，但在他心中留下深刻印象；後來，時機成熟時，他重新回想起這個問題，波長與解析度的關聯，最終讓他發現著名的「不確定性原理」（按：uncertainty principle，也譯做「測不準原理」。在量子力學中，粒子的位置跟動量不可同時被確定，當位置的不確定性越小，動量的不確定性就越大，反之亦然）。

也就是說，**對一名真正的資優生而言，哪怕是搞砸了，也能從中找到有意義的地方。**

遇到沒興趣的科目，怎麼辦？

一般來說，對自己選擇的專業，科學家們都非常專心一志。不過，當涉及選修課時，事情就比較複雜了。

因為，大學終究不只是為了培養少數菁英而存在，它更重要的任務，是為社會培養能夠勝任各種職位的人才，而這就需要大學生選修非自己專業的課程，以開闊自身視野。最常見的做法是文科生選修科學課程，而理科生選修歷史、藝術或社會學的課程。

整體而言，這當然是件好事，但對某些特殊的人而言，就不見得是那麼回事了，比如美國物理學家理查．費曼（Richard Feynman）。他在麻省理工學院讀書時，不幸選了哲學選修課（這裡得先聲明，這只是費曼本人與哲學課不合，千萬不要因為單一個案而對哲學有成見），一整個學期下來，他沮喪的發現，哲學課教授講的話，他一句都沒有聽懂。

▲理查．費曼，此圖為他於美國洛斯阿拉莫斯國家實驗室（按：負責核子武器設計與製造）工作時，所使用的識別證照片，約攝於1943年。

這倒也不能全怪費曼，因為這位教授講話時，永遠只在喉嚨裡發出咕嚕嚕的聲音，哪怕是一位哲學詞彙全盤精通的學生，要聽清楚也不容易。而且，專業往往是這樣的：隔行如隔山，換個領域很容易馬上變文盲，這些字認識我，但我不認識它們。

總之，費曼在哲學課上完全沒學到東西，但他必須交出最後的期末論文。而且，身為一個靠獎學金吃飯的窮人，他還非得拿到個好成績不可。費曼花老半天時間，研究課本和同學的筆記，得出結論：這門課的精髓在於能洋洋灑灑的「亂扯」。他甚至把論文變成科學實驗，打算研究人入睡時意識是怎麼關閉的。這個實驗大概人人都喜歡：每天中午和晚上，回到宿舍安靜的躺下、準備入睡，同時關注自己的意識發生什麼變化。於是，一篇論文成功出爐，但他實在沒把握，便在這篇絕望的論文最後，又加了幾行看起來像是詩的內容，說明自己的垂死掙扎：

我想知道這是為什麼。我想知道這是為什麼。
我想知道為什麼我想知道這是為什麼。
我想知道究竟為什麼我非要知道，
我為什麼想知道這是為什麼！

必須承認，哲學可真是一個奇妙的學科，費曼因為這篇論文最後得了「A」。不僅如此，這篇論文還獲得教授的垂青，在課堂上被當作範文朗讀。但是，作者本人坐在臺下，依舊一個字都沒聽清楚，到最後發覺教授那個「唔……唔……哇……哇……」的節奏好像在唸詩，才意識到「莫非，剛才念的是我的論文？」

從此，費曼對哲學這門學科印象不佳，以至於後來他家公子想選哲學系時，鬧了一番，直到孩子改選電腦科學，他才開心。這是後話。

不過，至少他的獎學金是保住了。可喜可賀！

02

輟學不可怕，這是節省時間的最佳手段

前述的資優生們，經歷了各種考差的鬱悶，不過也總算是考上大學、順利畢業了。但是，還有些人更倒楣，人人都知道他們是天才，但他們就是拿不到學位（前面提到的陳寅恪，求學時代也沒有拿到學位，不過他自己並不稀罕，就另當別論了）。

其中，最有名的例子大概應該是數學家斯里尼瓦瑟·拉馬努金（Srinivasa Ramanujan，一八八七－一九二〇年）。這名字一聽就知道，他是位印度人。更確切的說，他是「全印度引以為榮的那個人」。按照現今對留學生的普遍刻板印象，印度人應該是很擅長考試的。然而，拉馬努金並非這種人，他非常不擅長考試，不管怎麼樣就是沒辦法拿到學位，他待過的每一個學院，

▲ 斯里尼瓦瑟·拉馬努金。

最後都讓他退學。為什麼？當然是因為他除了數學之外，其他科目全都不及格。

因為一本書，從此著迷於數學的天才

別誤會，拉馬努金並不是那種「白痴天才」，他如果想認真學習什麼的話，一定能學得非常好。至少，他學習的開頭和我們熟悉的天才模式別無二致：一路名列前茅，拿著獎學金升學。這個原本每一科都很棒的模範學生，命運是因為一本書開始改變的：在他中學即將畢業時，他拿到一本書，書名是《純數學概要》（*Synopsis of Pure Mathematics*），作者是一位平凡無奇的數學家喬治·肖布里奇·卡爾（George Shoobridge Carr），假如不是被拉馬努金讀到，這本書和這個作者可能都沒人記得。

但現在不一樣了。

其實，一本好書真的能影響人的一生。例如前面提到的巴夫洛夫，之所以會把生理學作為自己畢生的研究方向，是因為他小時候在父親的書架上讀到《日常生活的生理學》（*The Physiology of the Common Life*）。後來，他的辦公室不管搬到哪裡，書桌上永遠擺著這本書，不許任何人挪動。另一個例子是比利時化學家、物理學家伊利亞·普里高津（Ilya Prigogine），十七歲時他立志要走法律之路，於是去圖書館尋找有關犯罪心理學的書籍，結果他找到的第一本書，是研究大腦化學組成，從此他就再也沒關心過法律，最後憑藉對非平衡態熱力學的貢獻、提出耗散結構理論，拿到諾貝爾化學獎（一九七七年）。所以，假如你需要送朋友禮物，又不知道該送什麼的時候，送書是不錯的選擇。

回到《純數學概要》的話題。它其實是本很奇特的數學書，最奇特的地方就是，它只是結果整理，羅列五千多個定理和公式，但沒有像樣的證明。這直接導致拉馬努金一直覺得證明不重要，甚至不知道該怎麼寫出有說服力的證明。但是，他從此一頭栽進數學。多有趣啊！這麼多公式，它們可以推出那麼多的結論、有那麼多變形，彼此之間遵從複雜又精巧的變化規則，踏著它們搭成的階梯，可以通往那麼遠又那麼美的地方。拉馬努金被數學的形式美迷住了，忍不住就跟數字玩起來。

關於這點，拉馬努金可能是最後一位執著於發現和發展這種形式美的大師，特別是各種無窮級數，在他手裡簡直像變魔術一般，翻出各種美妙的花樣。不過，他十七歲的時候還沒修練成功，只是自顧自的埋頭猛讀一切與數學相關的東西。其他需要念的學科——羅馬史、希臘史、英語、生理學等，都被他拋到腦後。很顯然，這對成績一點幫助都沒有，他的考試分數就像坐雲霄飛車一樣「咻」的墜入谷底。這樣當然不行，因為他家非常窮困，需要獎學金，他必須有獎學金資格才能免學費，免學費才能繼續念書、拿學位，才能找一份像樣的工作。

但是，**當一個人有了狂熱愛好的時候，是沒有辦法自我克制的**。對拉馬努金來說，跟數字和公式遊戲實在太有趣，他根本停不下來。他勉強努力幾個月，總算沒有因為曠課而被退學，但還是沒能通過馬德拉斯大學（University of Madras）的學位考試。

這裡要說明，馬德拉斯大學不是我們想像中的大學，它沒有校舍、教授和課程，而是負責資格考試的機構，學生們在各個學院學習之後，必須通過這個機構主辦的考試，才能拿到學位。比如拉馬努金當時需要考的，就是文科一等學位[7]。當時，印度還是英國的殖民地，它的高等教育可不是為了替印度培養有創造力的菁英，而是為了培訓出各種有能力的實務人才。而這種教育制度剛好戳中拉馬努金的死穴，他在第一間學院沒能通過考試，又去另一間學院，前後一共考了三次，結果都慘不忍睹，只好退學。

說實話，當時這個學位競爭非常激烈，每年報考的學生中，只有不到二〇%的人能夠通過，跟現在的大學畢業難度完全不同。但拉馬努金可不是百裡挑一的人，甚至用萬裡挑一都不足以形容，他是這個有悠久數學歷史和輝煌數學傳統的國度裡，近一千年中最了不起的數學天才。他身後留下的筆記本，每一頁都夠讓一個優秀的職業數學家忙上好一陣子，發表好幾頁的論文；而後世不知道有多少數學系的學生，都用與這些筆記相關的題目拿到學位。但是，筆記本的主人，當時卻因為沒有學位，而找不到一份合適的工作。

異常孤獨的天才，幸好有人發掘他的才華

其實，這個著名的拉馬努金筆記，原本是他到處奔波找工作時，當作自我介紹用的：「您看，雖然我沒有拿到學位，但是我接受過不錯的教育。而且，我還研究數學，一定可以把這份工作做好……。」

看到這裡，你或許會有疑問：既然這些筆記本這麼厲害，拉馬努金只要把它拿給數學家們一看，不就能證明自己了嗎？數學界是最不需要背景和人脈的地方，一個年輕、名不見經傳的數學家想出人頭地，不是只要寫信給當時最出名的數學權威就可以了嗎？

道理確實如此，不過也有例外。比方說，卡爾．弗里德里希．高斯（Carl Friedrich Gauss）就把挪威數學家尼爾斯．阿貝爾（Niels Abel）寄來的論文扔到一邊，因為「這個成果我二十年前就做出來了，只不過沒有發表而已」。不過，拉馬努金的情況又不太一樣，因為他最大的麻煩是，很少有人能看得懂他寫的東西啊！

別人看不懂拉馬努金的筆記本，原因有二。一方面，就如我們所知，拉馬努金是個天才。

---

7 此處「文科」跟現在我們說的文科不一樣。當時並沒有「理科」，大學畢業都是文科。後來，拉馬努金在劍橋拿的也是文學學位。

天才一跳十幾步是常有的事，他自己迅速衝到目的地，才不管別人在後頭有沒有跟上。而且，他受《純數學概論》的影響太深，完全沒意識到提出一個新定理是需要證明的。在拉馬努金看來，他找到一個新東西，而這個東西很美，這樣就夠了啊！我說我看到一朵超美的花，把這朵花畫給你們看，你們自己去找不就好了嗎？為什麼非得要我把路也畫出來？畫出來也就罷了，為什麼你們還嫌中間隔著山呢？不是一步就能跨過去嗎？

但其實，只有他才能隔著好幾個山頭看見一朵花，別人放眼望去，多半只能看到一片石頭，必須得一點一點的搜尋；還有，在科學的世界裡，除非有一條大家都能走的路，通向那朵花，否則它就不被相信真的存在。這些事拉馬努金完全不知道，也無法理解，當然也更不會去顧及這些需求。

而另一方面，拉馬努金不但是個天才，而且是個異常孤獨的天才。在整整五年時間裡，他沒有跟真正的數學界溝通過，所以他使用的數學語言和符號，都是自己原創。

不僅如此，他對其他數學家的工作幾乎一無所知。假設你是一個數學家，有個衣衫襤褸的青年，拿著一本筆跡工整但孩子氣的筆記本來找你，你一看，滿眼都是不認識的奇怪符號；再看，好像是一堆公式，可是為什麼沒有證明？最後，好不容易看明白，這不是那個誰在一百年前做的事嗎？這是在胡鬧什麼？

要是你在街上走著，突然有個老頭說你有練武的資質，要給你一本如來神掌祕笈，哪怕他不收你錢，你也會馬上走開吧！所以，能從拉馬努金的自薦信裡發現他的才華，接著就把他帶去英國，讓他當上皇家學會會員和劍橋大學研究員的哈代，真的是太了不起。

我想一下，答案就來了

關於哈代的故事，後面會再提到。不過，他的了不起之處，其實用一句話就可以說明：他是改變二十世紀英國數學面貌的男人。在數學界，哈代說話是一言九鼎的，這樣一來，誰也不懷疑拉馬努金的天賦。不過，還得等到拉馬努金的老媽做了神諭的夢，他才能動身去劍橋——他家的種姓是婆羅門，而按照當時印度國內的社會規則，婆羅門不能出國，到海外受過「汙染」的婆羅門，再回國後會讓人看不起，親戚朋友都會拒絕跟他來往。

哈代千算萬算，搞定資格也搞定錢的問題，甚至還搞定了拉馬努金最怕的考試（一開始，拉馬努金聽說哈代要帶他去劍橋，簡直心

▲ 戈弗雷．哈羅德．哈代，此圖約攝於1927年。

如死灰：劍橋的入學考試他必敗無疑啊），卻怎麼也沒料到還有這件事，所以就拖了好幾年。

雖然好事多磨，拉馬努金終於還是成行了。這一對數學工作狂碰面後，可真是如魚得水——拉馬努金不會寫論文？沒關係，哈代的文字水準絕對是一流的；拉馬努金不知道什麼叫證明？沒關係，哈代的嚴密也絕對一流；拉馬努金經常不知道哪些工作別人已經做過、哪些工作還需要完成？沒關係，哈代的淵博當然也是第一流。最重要的一點是，哈代是一個異常誠實的人，他絕不會以任何形式來奪取功勞，即便是對這個異常天真的異鄉人也是如此。

兩個人合作產出豐碩的成果，還讓拉馬努金獲得了他夢寐以求的大學學位[8]。那幾年，拉馬努金除了必須自己做飯之外，過得真是心滿意足——婆羅門對食物有嚴格的要求，所以拉馬努金是個徹底的素食者，學校供應的飯菜不符合他的飲食條件，更何況，英國飲食是有口皆碑的不以美味著稱。結果，因為一戰期間的營養不良，加上工作過度，拉馬努金的身體出現問題，以致於他肺結核發作，送進療養院。

在療養院裡，拉馬努金營養不良的情況沒有得到任何改善。一來是因為，英國飲食實在很難符合外國人的口味；二來則是戰爭期間，食物供給不足；第三個原因，是拉馬努金不但有飲食禁令，他還在這樣艱困的時期、已遵循禁令的範圍內挑食。

至於工作過度方面，拉馬努金在療養院裡也不安分休息，他經常寫信報告他的老師：「發現浴室明亮又暖和，可以工作，我每天在浴室待一個小時，在被醫生警告洗澡不要太久之前，應該可以解決您上封信的問題。」當時，應對肺結核的方式，就是清淡飲食加流動的空氣，房間裡不能生火，拉馬努金睡在不夠暖和的房間，還吃得不好，身體越來越差也就不奇怪了。

這對師徒最有名的「計程車數」（Taxicab number）軼事，也是拉馬努金住在療養院的期間發生。像他們這種做數論的數學家們，遇到各種數字都能隨便就玩出花樣。有次，哈代從劍橋去療養院探望拉馬努金，就拿這個當話題：「我今天乘坐的計程車，車牌號碼是一七二九，這個數字沒什麼意思。」

「不會啊，」拉馬努金回應：「這個數多有趣啊！可以用兩個立方之和來表達，而且在所有具備兩種表達方式的數之中，一七二九是最小的（$1729=1^3+12^3=9^3+10^3$）。」

具有這種特性的數字，後來就因這段故事而被稱為「計程車數」。我們知道拉馬努金把他的每一秒鐘，都花在數字上，但熟悉到這個程度也真是駭人聽聞。當然，一七二九這個數的奇妙特性，並不是拉馬努金在這寥寥幾句對話間頓悟，後來人們才發現，其實在幾年前他就發現這一點，並記在他的筆記上。不過，這故事依然太過戲劇化，要不是哈代是個從不打誑語的絕世君

8 其實，哈代是以研究生的身分，帶著拉馬努金進劍橋大學。但拉馬努金對學位耿耿於懷太久，所以還是讓他跟著劍橋的大學生一起湊熱鬧。

子，可能沒多少人會信以為真。

而另一個故事，則不是出自哈代之口。有一次，他在自己的小房間裡做飯、招待朋友，炒菜時朋友從雜誌上看到一道題目，決定考考他。題目是這樣的：

一位先生到陌生的鎮上找朋友，他只知道自己的朋友住在一條長街上，朋友家這一側的門牌號碼，是從一開始的自然數，而他朋友家門口左邊的門牌號碼加起來，恰好和右邊的所有門牌號碼加起來相等。長街這一側的住戶至少有五十家，不超過五百家。那麼，這位先生的朋友家門牌號是多少呢？

題目本身並不難，稍微動一下腦筋就能知道這條街上有兩百八十八戶人家，而朋友的門牌號碼是二〇四號。如果沒有「住戶的數目大於五十而小於五百」的限制，答案就更多。比方說，要是街上一共只有八戶人，題目裡朋友的門牌號就該是六號（1+2+3+4+5=7+8）。

拉馬努金一邊炒菜，一邊口述一個連分數，這個分數的分母是一個數加上另一個分數，而這另一個分數的分母又是一個數加上第三個分數……正好就把這類問題的通解表示出來。當拉馬努金被追問「到底是怎麼得到這個答案」時，他顯得非常困惑，思考如何回答的時間，甚至比他解題的時間還要長，但最終他還是只能這樣回答：「我一聽這個問題就明白，解必須是一個連分數。我就想，是哪一個連分數呢？於是，答案就來了。」

「答案就來了」這種敏銳的直覺，無疑是舉世罕有的珍稀天賦。

在拉馬努金去世多年以後，哈代設計出一種用來評價數學天賦的評分表。他給自己打二十五分，給他多年的合作夥伴李特爾伍德打了三十分，給大衛．希爾伯特（按：David Hilbert，德國數學家）打八十分，而他給拉馬努金的分數是完美的一百分。**哈代確信自己一生中最重要的成就，就是發現拉馬努金**（按：拉馬努金的故事曾拍成電影《天才無限家》〔*The Man Who Knew Infinity*〕，戴夫．帕托〔Dev Patel〕飾演拉馬努金、傑瑞米．艾恩斯〔Jeremy Irons〕飾演哈代，二〇一五年上映）。

輟學，反而開啟新的道路

比起為貧窮所困，又沒能好好接受正規教育而被退學的拉馬努金，另一位資優生則是一帆風順，卻偏偏要選擇輟學，讓人非常意外。他的大名人盡皆知，但要是我不說，多半你不會知道——愛德蒙．哈雷（Edmond Halley，一六五六—一七四二年），第一個計算出哈雷彗星軌道的這一位科學家，其實是個輟學生。

▲ 愛德蒙．哈雷的肖像畫。

哈雷出身於殷實的富商家庭，家裡做鹽和肥皂的生意。那時的鹽商和肥皂商都需要特許證，是個財源滾滾的行業。哈雷的爸爸每年給他三百英鎊，那時的英鎊是強勢貨幣，一英鎊的購買力相當於一磅白銀，三百英鎊絕對算是一筆鉅款[9]。時代背景相近的小說《傲慢與偏見》（*Pride and Prejudice*），男主角「達西（Darcy）先生」歲入一萬英鎊，基本上就和現在言情小說裡霸道總裁男主角的設定差不多。

總之，哈雷無憂無慮的成長，十七歲那年順利進入牛津大學，據說他當時就已經是一位天文學專家，收集了一大堆（由他老爸買單的）天文儀器。在牛津的日子裡，哈雷一邊在皇后學院（按：The Queens' College，牛津大學的一個學院）念書，一邊在格林威治跟著首任皇家天文學家約翰．佛蘭斯蒂德（John Flamsteed）工作，順便發表一些關於太陽系和太陽黑子的論文。眼見學位信手拈來，他念到最後一年時，卻不參加畢業考試，學位也不要，就坐著船跑去南大西洋上的聖赫勒拿島[10]（Saint Helena），打算在那裡觀測南半球的恆星，編一部《南天星表》（*Catalogus Stellarum Australium*）。

關於哈雷為什麼突然要輟學，這真是一個未解之謎，有待後世的穿越者回去親自問他本人。總之，他就在聖赫勒拿島上建了一座天文臺，裡面有一架二十四英寸（約六十一公分）口徑的望遠鏡。這次倒不是全花家裡的錢，據說是當時的國王查理二世資助。國王還親自寫了封介紹信給東印度公司，請他們讓哈雷搭便船。

聖赫勒拿島是一個氣候溫和的熱帶小島，哈雷在這裡待了一年半，記錄三百多顆南半球恆星，順便觀測了一六七七年的水星凌日，論證如何利用水星凌日來計算地球與太陽之間的距離，再預測出下一次凌日的時間（一七六一年）。然後，他帶著完成的《南天星表》回國，回國後就被國王御賜牛津（當然也是文學）碩士學位，二十二歲就當選皇家學會會員。由此看來，對資優生來說，**輟學有什麼好怕？只要能拿出真材實料的成果，輟學就是「節省時間的最佳手段」**！

哈雷這一輩子做過的工作，不僅類型豐富，成果也都相當卓越。首先，他是位天文學家，編了《南天星表》，發現恆星的自行[11]和月球運動的長期加速，哈雷彗星更是唯一一顆不是以發現者名字來命名的彗星[12]。他也是位數學家，率先以統計學為基礎來估計人民的平均壽命，開保險業之先河，算得上是保險業的祖師爺。同時，他還是位地理學家，帶著一支探險隊從南緯五十二度，一直航行到北緯五十二度，探測出地球磁場的變化。他更是位氣象學家，研究過信風

9 當時，普通職員一年收入不到二十英鎊，而英國政府年收入約兩百萬英鎊。

10 主權屬於英國，位於南大西洋，日後拿破崙被流放到這裡，最後死於島上。

11 由於銀河系裡的恆星都圍繞著銀河系中心（Galactic Center）運動，因此我們能從地球上觀察到恆星相對於太陽的移動，這就是恆星的自行。

12 因為哈雷最先估算出這顆彗星的週期，為了紀念他的這項成就，哈雷彗星就以他的名字來命名。

和季風，發現氣壓和海拔高度之間的關係。

五十歲時，哈雷還學會阿拉伯語，把阿拉伯人留存的古希臘著作譯為英文，順便取得法學博士的榮譽學位。這多姿多彩的一系列學術成就，認真追溯起來，都是從二十歲時的那一次輟學開始。

而後世輟學創業的諸位名人，從微軟（Microsoft）創辦人比爾・蓋茲（Bill Gates）、蘋果（Apple）創辦者之一史蒂夫・賈伯斯（Steve Jobs），到臉書（Facebook）創辦人馬克・祖克柏（Mark Zuckerberg），深究他們輟學的原因，無疑都跟哈雷一脈相承——省時。

03

興趣太多或都沒興趣？那就先做你擅長的

人們常說：「興趣是最好的老師。」這句話非常有道理，原因大概有二：一方面，人們對有興趣的事情，會很自然的付出更多努力，而不覺得辛苦，也就更不容易放棄；另一方面，興趣這東西也不是天上掉下來，一般而言，建立興趣的過程都是心理學上所說的「正回饋」，也就是說，接觸到一個東西，在嘗試的過程中不斷得到鼓勵和成就感，才能真正建立起穩固的興趣。

人類的大腦非常討厭挫敗感，因為這很可能意味著精力和時間的浪費。我們的祖先在漫長的進化中，早已知道了這一點，因為那些把時間花在自己不擅長事務上的遠古先輩，更容易被自然選擇淘汰。所以，如果你會對一門學科產生興趣，那就表示你確實比較擅長它，別猶豫，就抓住它吧。

對資優生而言，這種一上手就愉快且迷戀的感覺更為明顯。但他們常常也會面臨另一個問題：過人的才智讓他們有更多的興趣方向，和更多的選擇，到底應該選擇哪個方向，就很令人煩惱了。萬一選擇錯誤，本來世界上可以多一位開創時代的天才，結果只得到一個還不錯的專家，那不是對不起全人類嗎？

試想，數學家高斯差點就成為語言學家，這件事讓人覺得不寒而慄，對不對？幸好人的一輩子很長，想換專業也來得及。

數學家拿諾貝爾文學獎？

要說輾轉多個專業的資優生，不妨從一九五〇年的諾貝爾文學獎說起。那一年的諾貝爾文學獎，頒給伯特蘭・羅素（Bertrand Russell，一八七二—一九七〇年），他是一位數學家，《數學原理》（*Principia Mathematica*）的作者之一，對二十世紀的數學基礎，產生重大的影響——等一下，諾貝爾文學獎頒給一位數學家，聽起來是不是有點奇怪？

再告訴你一件事：他最暢銷的一本書，其實是《西方哲學史》（*A History of Western Philosophy*）。

羅素擅長許多領域，而他最擅長的一件事，就是發表意見。有史以來，可能再沒有哪位思想家會像他一樣，在半個多世紀的漫長時間裡，不停的向

▲伯特蘭・羅素，此圖約攝於1924年。

全人類提供全方位，有時甚至是前後矛盾的告誡。他寫作的領域簡直包羅萬象，起碼出過六十八種著作，甚至曾經在報紙上寫過「唇膏用法」和「如何選擇雪茄」之類的專欄文章。

至於羅素為什麼這麼高效、這麼淵博？為什麼沒有他不會寫的事？首先，他確實很聰明，想想如果一個人沒有超凡的智力，怎麼能達到像羅素的這種程度？其次，就是他喜歡領稿費的感覺。喜歡到什麼程度呢？他隨身有個小本子，上面記著自己領到的每一筆稿費。每當心情不好，或者工作不順利時，就掏出本子來一筆筆清點，翻過一遍之後可以立刻重振精神，再次投入高效工作中，屢試不爽。

當然，如果你從舊紙堆裡找到羅素寫的「唇膏用法」專欄，建議你還是不要照著做比較好。雖然他在文章裡表現得冷靜、睿智、無所不知，但他有一些流傳下來的軼事，會讓人忍不住質疑他處理日常事務的能力。

比方說，身為一個英國貴族，羅素很喜歡喝茶。但是，他完全不會泡茶，只要太太一出門，他就沒茶喝了。為了這件事，他們不是沒過想辦法，像是太太出門前在廚房裡留下紙條，詳細寫明泡茶的工序，從「首先，把裝好水的壺放到爐上……」寫起。可是，羅素超強的學習能力完全無法理解具體、繁瑣的現實事物，他只酷愛抽象事物。所以，當太太回家時，看到的廚房有兩種情況，一種是慘不忍睹，另一種是根本沒動過，那她會選哪一種還需要考慮嗎？還是讓思想家留在思想裡吧！

羅素一開始是以數學家的身分出道，導師是阿爾弗雷德・諾思・懷海德（按：Alfred North Whitehead，英國數學家、哲學家）。說起來這師徒兩人也是有緣分：羅素在三一學院時應考數學獎學金，懷海德是主考官之一。羅素自己後來承認，當時他並沒有多麼熱愛數學，只是受到一些特別擅長考試的老師培訓。他考得不錯，但當時還有另外一位考生成績更好，按理說應該錄取那一位，但是不知道為什麼，懷海德就是覺得羅素看得順眼，跟他一起做研究一定很有趣，必須把這個小子弄到手！於是，懷海德偷偷做了一件你一定想不到的事：他把另一位同學的成績單燒掉了！羅素被懷海德收入麾下，師徒兩人確實合作愉快，做了不少有意義的工作，從數學到邏輯學再到哲學。至於被淘汰的那一位……只能說，人生在世，有時的確是要靠運氣的。

歷史出身，轉讀法律，最後投身物理的法國貴族

反過來，念完人文學科再轉型成科學家的例子其實更多，不過這種轉型有時會不幸淪為後人陰謀論的話題。一個例子是法國的路易・德布羅意（Louis de Broglie，一八九二－一九八七年），老是有人把他當成是沒受過嚴格訓練的「業餘專家」。傳說他的博士論文只有區區幾頁紙，裡面沒涉及數學，還得到諾貝爾獎——別開玩笑了，這根本不是真的，別因為他是個學歷史出身的公子哥，就覺得人家數學一定不好，好嗎？

說起這位第七代德布羅意公爵，就是天資太過聰穎，可選擇的範圍太大，以至於一開始沒發現自己真正興趣所在的典型。他大學剛開始念的是中世紀史，後來轉去學法律，快畢業了才發現，真愛原來是理論物理啊！

讓德布羅意發現自己真愛的功臣是兩本書：數學家朱爾．亨利．龐加萊[13]（**Jules Henri Poincaré**）的《科學和假設》（*La Science et l'Hypothèse*）與《科學的價值》（*La Valeur de la Science*）。自從讀完這兩部巨著之後，德布羅意就開始學習理論物理——對他來說很容易，因為他哥哥就是物理學家，後來兩兄弟還合作寫了幾篇論文。

不過，這時候第一次世界大戰爆發，身為貴族必須上戰場[14]，所以，他一直到戰後的一九一九年，才進博士班念理論物理。他花了整整五年才完成論文，而且這篇論文一寫完，他作為一個物理學家的創造力

▲路易．德布羅意，此圖約攝於1929年。

13 在數學、數學物理和天體力學等方面，都做出創造性的貢獻，被公認為是十九世紀和二十世紀初的領袖數學家，繼高斯之後對數學及其應用有全面知識的數學家，也被認為是「最後的數學通才」。

14 因為歐洲的貴族本來就是軍事貴族，他們的地位來自戰爭，而平民跟打仗沒有關係。

好像也告罄了。不過，這篇論文非常厲害，它的題目是「量子理論研究」，談論物質的「波粒二象性」（按：任何物質都同時具備波動和粒子的性質）。不過，和前面所說的傳聞不同，這篇論文內容非常扎實，足足有七十多頁，涉及一大堆複雜的數學，區區幾頁紙的是摘要。

德布羅意的老師保羅．朗之萬（Paul Langevin），是當時法國的頭號物理學家，他拿著這篇論文，看來看去都沒什麼把握，無法給出評價，只好寄給愛因斯坦尋求幫助。愛因斯坦讀完之後，立刻推薦德布羅意去柏林科學院。那時，德國是全世界物理學的中心，於是德布羅意的名字開始為人所知。

不過，諾貝爾獎的頒發有其規則，並不是提出一個驚天動地的理論就可以獲獎。直到後來實驗物理學家發現，電子的繞射圖譜果然與X射線一模一樣，證實德布羅意的理論正確，他才獲得了諾貝爾物理學獎（一九二九年）。所以，專業的差異根本不是問題，只要自己真的想學，總有機會做出一番成就。

時代變遷，跨領域成為風潮

即便是到了現在，學科劃分越來越精細，讓人覺得隔行如隔山的時代，也還是有一些人轉型後做出了不起的成就。

比方說，二〇〇三年獲得諾貝爾物理學獎的安東尼．萊格特（Sir Anthony Leggett），他原本的專業是古典語言學，大學期間經歷嚴格的古希臘語和哲學的訓練，但這並沒有妨礙他後來專攻低溫物理，從理論上解決了關於氦—3奇妙行為的謎題——就是在月面上含量豐富，有些人一直想把它弄回來當清潔能源的氦—3。

氦—3已經為物理學家們帶來兩次諾貝爾獎：一次是頒給萊格特等人的理論，另一次是在一九九六年頒給三位實驗物理學家對氦—3超流狀態的實現。

超流體是個非常有趣的東西，真正的「兵無定勢，水無常形」，如果把超流狀態的液氦裝在陶瓷杯子裡，它就會穿過陶瓷上的微小空隙全部漏出來；如果把它裝在玻璃燒杯裡，它會沿著杯壁向上爬，一直到全部流出來為止。

只不過，要讓氦—3達到超流狀態，必須把它冷卻到〇．〇〇二七克耳文以下，也就是非常接近絕對零度的狀態。而這種冷卻技術又帶來一九九七年的諾貝爾物理學獎，華裔物理學家朱棣文是那年獲獎的三位物理學家之一。

說起來，萊格特的轉行，倒是很符合跟熱有關的物理學傳統。從熱學作為一門學科出現以來，關於熱的本性，最基本的研究全都是由「業餘」物理學家做出。比方說，發現比熱的約瑟夫．布拉克（Joseph Black）是一位醫生和化學家；提出能量概念的尤利烏斯．馮．邁爾（Julius von Mayer）也是醫生，啟發他靈感的是人體靜脈血和動脈血的不同顏色；發現熱是一種運動而非物質的倫福德伯爵班傑明．湯普森[15]（Sir Benjamin Tompson, Count Rumford），是位軍人兼冒險家；至於發現熱和功的轉換關係，得出能量守恆定律，並發展出熱力學第一定律，名字還被拿來當作能量單位的詹姆斯．普雷斯科特．焦耳（James Prescott Joule），其實是個開啤酒廠的啤酒釀造師！

這種情況大概一直持續到克耳文出現才得以改變，不過似乎改變得也不太徹底。與其說克耳文是一位專業的物理學家，不如說是一位專業的發明家，他一生中註冊的專利達到六十九項，是第一位藉由申請專利而發財的科學家。讓他獲得人生第一筆財富，是電報機的發明，而他之所以得到動爵的頭銜，也是因為對電報工程做出貢獻。

專業轉換有時候不單是由於個人興趣的轉移，還關係到時代的變遷。比如在二十世紀中葉，生物學取代物理學，成為發展最迅猛的科學，不斷有新發現和成果，吸引一大批物理學界的聰明頭腦。

首先對生物學產生興趣的是埃爾溫．薛丁格（Erwin Schrödinger，一八八七－一九六一年）——這裡要談的可不是他和他著名的貓。雖然薛丁格讓人留下「虐貓」印象，但那只是一個思想實驗而已，目的是指出當時的量子理論主流假說中的矛盾，現實中沒有任何一隻貓受到傷害。

薛丁格真正與生物學產生關聯，是在他做了一系列名為「何謂生命？」（What is Life?）的講座之後。這一系列講座針對遺傳分子的特徵，做出許多理論性的推測，講座的內容後來被整理成同名的書籍出版，堪稱史上第一部關於生命本質的暢銷科普著作，影響整整一代生物學家。後來，發現DNA雙螺旋結構的詹姆斯・華生（James Dewey Watson）說過，要不是《何謂生命？》這本書讓他對基因產生興趣，他可能就成為鳥類學家了。

同時代的另一位物理學家，則堪稱直接啟發氨基酸編碼的發現，他就是喬治・伽莫夫（George Gamow）。伽莫夫也是一位各處跨界的人物，他身為物理學家最大的成就，當然是關於宇宙大爆炸早期的原子核合成，也就是「太初核合成」（Big Bang nucleosynthesis）的理論。不過，讓人印象最深的還是他「科學頑童」的形象。

太初核合成的論文挑在四月一日愚人節發表，作者原本是伽莫夫和他的學生拉爾夫・阿爾菲（按：Ralph Alpher，物理學家、天文學家），但是伽莫夫一時頑皮，非要拉朋友漢斯・貝特（按：Hans Bethe，核物理學家）一起署名，還特別把自己的名字排在最後面。他的理由很簡單：他們三個的姓，剛好是希臘字母的頭三個——α、β和γ的諧音，論文的內容講的又正好是最早的原子核，不是很合適嗎？這種近乎淘氣的幽默感，讓他不但在物理學界大有作為，還成

15　這位伯爵可說是相當不務正業，他還有一項許多人日常生活中離不開的發明——滴濾式咖啡壺。而且，他對隔熱方法的研究，也對後來保暖內衣的發明起了重要作用。

為科普界的一代宗師，畢生出版的二十五部著作，有十八部都是科普暢銷書，其中的《物理世界奇遇記》（*Mr. Tompkins in Paperback*）更是不知道讓多少人一下就了解相對論和量子力學。

伽莫夫關注氨基酸編碼，完全是出於偶然。當時，生物界赫赫有名的冷泉港實驗室[16]（The Cold Spring Harbor Laboratory）召開一場研討會，主持人是「分子生物學之父」馬克斯．德爾布呂克（Max Delbrück），他和伽莫夫在哥本哈根大學理論物理研究所（按：一九六五年改為尼爾斯．波耳物理研究所〔Niels Bohr Institutet〕，研究領域為天文學、物理學和地球物理學）共事過。你問德爾布呂克為什麼會在該研究所出現？因為他原本主修的是天體物理和理論物理！所以，他也是一位跨界典範，開創了以物理學方法來研究生物學的「生物物理學」，直接影響薛丁格跳槽來研究生物學。

德爾布呂克為了這場研討會，特別邀請一些物理學家，會上華生和弗朗西斯．克里克（Francis Crick）介紹他們發現的DNA雙螺旋結構。不得不說，生物學家和物理學家的思路確實不一樣，伽莫夫一聽，DNA鏈上的核苷酸一共有四種，它們組成氨基酸，這不就是個排列組合嗎？不同的氨基酸在蛋白質裡出現的頻率各不相同，蛋白質裡的核苷酸也可以測出比例，這就是一套密碼嘛！

舉個例子，讀過福爾摩斯的都知道「跳舞小人」（按：出自《福爾摩斯歸來記》（*The Return of Sherlock Holmes*）中的〈小舞人探案〉），不同姿勢的小人，代表不同字母，一旦我們確定這些小人組成的是一篇通順的文章，就可以按照字母出現的頻率，來推測不同的小人對應哪個字母。伽莫夫是第一個把密碼學這一套運用在氨基酸上的人，他在會後馬上寫信給華生和克里克，解釋了自己的想法。當時，伽莫夫對化學和生物學堪稱一竅不通，裡面許多細節都是錯誤的，但這個新鮮的思路，讓華生和克里克很快推算出真正的「遺傳密碼」。

偉大的頭腦都是相通的，真正的科學亦然。在科學史上，從一個學科跨界到另一個學科，或者從一個專業跨界到另一個專業，例子實在太多，幾乎成為常態。瑪麗．居禮（Maria Sklodowska-Curie）先後拿過諾貝爾物理學獎和化學獎；瑞典眼科醫生阿爾瓦．古爾斯特蘭德（Allvar Gullstrand），在同一年裡被諾貝爾生理醫學獎和物理學獎提名，他謝絕後者，接受前者。

不過，前面這些頂尖學者，跨來跨去至少還是留在腦力勞動的範疇內，但你聽過從數學和雜技跨界的人嗎？

數學怪才艾狄胥．帕爾（Paul Erdős）的好朋友，數學家羅納德．葛立恆（Ronald Graham）管理著 AT&T（按：美國最大的電信服務供應商）的貝爾實驗室（按：一九二五年由 AT&T

16 位於美國紐約州長島的冷泉港，此機構的研究範圍包括癌症、神經生物學、植物遺傳學、基因組學及生物資訊學等，主要成就在分子生物學領域。

總裁華特・基佛德〔Walter Gifford〕成立，一九九六年脫離AT&T，現屬諾基亞公司〔Nokia Corporation〕），可說是當時世界上最好的數學家之一。葛立恆大學時曾經是馬戲團的成員，還是「世界耍球協會」的前主席，最高紀錄可以同時在手裡拋六顆球，差點就邁向七顆（當時的世界紀錄是九顆球）。他跟艾狄胥討論數學問題的景象，可真是嚇人：一個人不停灌著咖啡，一個時而倒立、時而翻跟斗。有時，葛立恆還會從書房轉移到後院，因為那裡有他心愛的蹦床，偶爾在蹦床上後滾翻時，他會忽然找到解決問題的靈感。別人工作之餘的放鬆，一般可能是散步，他的放鬆方式是在蹦床上苦練。按照葛立恆的說法，數學和雜技有相通之處，都**需要摒除雜念、專心致志，在你還沒有察覺時，進步就發生了**。

其實，一切的成功都是如此。

第二章

少年得志很好，大器晚成也不差

01

過度望子成龍，就會毀掉神童

一九三五年，美國底特律有個十二歲的小孩，叫沃爾特・皮茨（Walter Pitts）。底特律治安不太好，有天他被幾個流氓追趕，情急之下躲進圖書館。他縮在角落裡，圖書館員並不知道屋子裡還有個小孩，下班時間到他們就離開了。

皮茨發現自己暫時出不去了。但是，他也不怎麼著急，就從圖書館裡找書看，打發時間。長夜漫漫，他索性就拿了本厚書：羅素和他老師懷海德合寫的《數學原理》，三大卷，兩千頁。這可真是一部巨著，不論在數學或邏輯領域都是，它的目標是「完整列舉出數學推理的所有方法和步驟」，兩位作者為此花費整整十年時間，就連好多數學家（可能是自它問世以來絕大多數的數學家）都沒辦法讀完這本書。不過，皮茨倒是一看就懂了，接下來的一個星期，他天天跑去圖書館。不知不覺他就把這本兩千頁的書讀完了。

這個十二歲的小孩就寫了一封信給羅素，指出書裡的錯誤，同時宣布自己要成為一名數學家，後來他也確實做到。他發表一系列論文，將人腦與圖靈機（按：英國數學家艾倫・圖靈

〔Alan Turing〕提出，將人的計算行為抽象化的計算模型）連結，模控學（按：cybernetics，探討人、動物與機器如何相互控制和通信的科學研究）這門學科隨後出現。

三歲就會計算，數學史上頭號神童：高斯

數學家這一行，好像是神童的天下。一方面，數學史上的神童層出不窮，好像二十四歲以前沒有能砸死人的成就，都不好意思跟人打招呼（數學界各大獎項通常都有年齡限制，而且，數學家們一點也不覺得奇怪）；另一方面，年紀大了還能做出偉大成就的數學家，簡直鳳毛麟角。

事實上，由於古代人的平均壽命限制，活得夠長的人本來就不多。不過，歷史上最偉大的幾位數學家，都活到了高齡：阿基米德活到七十五歲，原本甚至可以活得更長；牛頓活到八十五歲、高斯七十七歲等。

活到這把歲數，當然難免要眼看著晚輩們一個個在自己之前離去，特別是高斯，他活躍的時代，正好是數學在各方面都迅速發展的時代。

▲1838年出版的《天文學通報》（*Astronomische Nachrichten*）中的高斯肖像。

一八〇〇年代、一八一〇年代和一八二〇年代，分別都誕生了不起的數學家，他們都是天才兒童，改變了後世數學的面貌，但都沒活過三十歲：法國數學家埃瓦里斯特・伽羅瓦（Évariste Galois）二十歲時死於決鬥；挪威數學家尼爾斯・阿貝爾和德國數學家費迪南・艾森斯坦（Ferdinand Eisenstein），分別在二十七歲和二十九歲時，因肺結核而死。三位的歲數加起來，和高斯一個人的歲數相當。高斯評價艾森斯坦，說只有三個數學家是劃時代的：阿基米德、牛頓和艾森斯坦。他倒是沒提他自己，不過，他的確不是劃時代，而是跨時代。

話是這麼說，不過數學界的史上頭號神童，無疑就是高斯本人。按照高斯自己的回憶，他三歲時就能糾正父親帳目上的錯誤，這簡直是近乎天啟的才能，因為根本沒有人教過他如何計算。而高斯少年時代開始飛速成長，也印證了人們對「神童」這個詞的標準理解。

你一定聽說過從一加到一百的故事（按：高斯以$1+100=101$，$2+99=101$……，$50+51=101$，共有五十組，因此得出一加到一百答案為$50\times101=5050$），那年高斯才十歲。十二歲時，他已經掌握和發展二項式定理（按：將兩數之和的整數次方〔$(x+y)^n$〕展開為類似ax^by^c項之和的恆等式，其中b、c均為非負整數且$b+c=n$）；十六歲時，預測出非歐幾里得幾何學（按：古希臘數學家歐幾里德提出幾何的五條公理〔未經證明，但被當作不證自明的命題〕，但數學家對第五條公理有所爭論，最終導出「非歐幾里得幾何學」）的可能性；十七歲時，開始發展出嚴格的證明要求，一點一點填補過去前輩們證明步驟之間的空白；十八歲時，發明最小二乘法（按：數學優化技術，可用來求得未知數據，並使求得數據與實際數據之間誤差的平方合為最小），十九歲證明二次互反率（按：用於判別二次同餘（當兩整數除以同一個正整數，若得相同餘數則為同餘，符號記為「≡」，此概念即源於高斯）方程式 $x^2 \equiv p \pmod q$ 之整數解存在性的定律）。

我們可以這麼說：**高斯之前的數學，和高斯之後的數學，是完全不同的。**數學的幸運在於，一七九六年三月三十日，離高斯十九歲生日剛好還有一個月的那一天，他決定成為一名數學家。

按照心理學家和遺傳學家如今的研究，人的智力及其他一切表現，絕大多數都是由基因決定。不過，這並不是說後天的努力沒有意義。**假如把人比喻成一本書，書的大綱在出生時基本上就已經寫好，每個章節的內容都已確定，但是，書中每個段落、每個句子的寫法，則需要由後天的環境和教育來細細雕琢。**高斯雖然出身貧苦的鄉村，但他有聰明而高壽的母親（她活到九十七歲），以及天資聰敏的舅舅竭盡所能的教導他。接著，身為神童又為他帶來顯貴們的矚目和資助，幫助他得到當時最好的教育。不得不承認，如果高斯沒有因為絕頂的早慧而令人驚訝的話，等待他的命運將會完全不同。

合格的神童父母，比神童更難得

無獨有偶，在現代數學界，也出現了一位被公認是當代最聰明的神童，他就是澳籍華裔數學家陶哲軒。陶哲軒出生於一九七五年，九歲開始在弗林德斯大學（Flinders University）學習數學和物理，並創下國際數學奧林匹亞競賽獎牌和金牌選手的最低年齡紀錄（十歲時獲得銅牌，十二歲時獲得金牌）。他在二十四歲時當上教授，進入二十一世紀後，幾乎把數學家能拿的獎都拿了一遍。

這位天才不僅長相英俊、笑容陽光、家庭美滿，更兼文筆流暢，據說待人接物也挑不出毛病，從各方面來說，都滿足人們對「神童」這個詞的最高期待（雖然說，似乎顛覆了大家對「數學家」的固有形象），還被評為當今智商最高的人——我對智商測評沒什麼疑問，對這個結果也沒有異議，但是我對評定「智商最高的人」有點意見，因為這代表著被評者的智商必然高於評定者，「評定」的意義也就不免令人懷疑。不過這至少證明，在大多數人心目中，陶哲軒的智商是非常高的。

而且，更難得的是，在專業劃分越來越精細的情況下，陶哲軒竟然是一位對現代數學的各面向都十分了解的全能數學家。上一位十項全能的數學家，要追溯到十九世紀的龐加萊。一個現成的例子是，二〇一四年的菲爾茲獎（按：Fields Medal，正式名稱為國際傑出數學發現獎，每四年評選出二至四位有卓越貢獻，且年齡不超過四十歲的數學家）結果頒布沒幾天，陶哲軒就已經撰文討論四位獲獎數學家的研究成果，說得頭頭是道，完全看不出來那幾位數學家跟他目前的工作領域相去甚遠。數學的四大分支：演算法、代數、幾何、分析，想要全面理解兩個以上就非常困難，陶哲軒能夠這麼淵博而敏捷，確實是沒幾個人能夠做到。

和高斯父母不同的是，陶哲軒的父母受過良好教育，能夠在他成長過程中，給予指導和陪伴，這對兒童來說非常重要。**進入現代之後，純粹憑著專注和熱情，自學成才的例子已經很難複製，合格的神童家長甚至比合格的神童還要難得。**他們需要為天賦特異的孩子，創造出能專注於興趣的環境，必要時得提供鼓勵和幫助，又得小心避免過度保護和過度開發的傾向——**這個世界上的神童，可能比我們所知道的還要多，只是其中許多人沒辦法把天賦轉變為成就，因此永遠都不會被看見。**

變老是一種病，每個物理學家都為此心驚

比起數學界，科學界的神童顯然要少得多。一部分原因是數學和圍棋有些相似，規則非常簡單，小朋友很快就能學會，他們就能自己去玩。至於在玩數字或棋子的過程中，會發現什麼精緻的圖案、得到什麼奇妙的規律，需要後續學習更多的定理或定式，那是入門之後的事。

另一方面，是因為科學探究必須不斷對照觀念與事實，一點一點找出頭腦中的錯誤觀念，**因此科學家需要時間，慢慢建立知識和方法的框架。**這是一個「試錯」的過程——有人覺得科學一定天生正確，其實完全不是這麼回事。科學不但無法迴避錯誤，從本質上來說，科學甚至是需

要錯誤，發現錯誤才能不斷進步，科學領域中不存在完美無缺的東西。

所以，科學界沒有莫札特（按：Wolfgang Amadeus Mozart，三歲時便展現出音樂才能，被譽為「音樂神童」），而那些稀少的科學神童，有成就的年齡相對更晚，而且其工作的領域，有時甚至跟應用數學只有一線之隔。

關於這方面，最標準的例子是量子力學。從一九〇〇年馬克斯・普朗克（按：Max Planck，一九一八年諾貝爾物理學獎得主）提出黑體輻射定律（按：也稱「普朗克黑體輻射定律」，說明黑體〔理想化的物體，能吸收外來電磁輻射，並且不會反射與透射〕中發射出電磁輻射的輻射率與頻率之間的關係）開始，量子力學便以迅雷不及掩耳之勢，在嶄新的、接近於數學的世界觀上建立起來：一九一三年，尼爾斯・波耳（Niels Bohr）提出原子結構模型；一九二六年，海森堡、馬克斯・玻恩（Max Born）、帕斯夸爾・約爾當（Pascual Jordan）提出矩陣力學，德布羅意和薛丁格提出波動力學；一九二七年，保羅・狄拉克（Paul Dirac）和約爾當提出變換理論。

量子力學只花了區區二十七年，就搭建起一整套理論，按照現代人的求學時間，差不多是讀到博士班的年紀，更何況這是一套從無到有的理論，而這些理論的締造者中，有一大半人年紀和它相當。

沃夫岡・包立和量子力學同齡，在一九〇〇年出生。高中化學課中提到的「包立不相容原理」（按：指具有相同量子數的兩個電子不可能同時存在），這是個日後讓他拿到諾貝爾獎的發現，而他做出這一發現時，只有二十五歲。

在物理學家之中，包立算得上是個標準的神童，他十八歲就發表了第一篇學術論文，主題是關於廣義相對論，這時的他已經比同時代的許多物理學家更理解廣義相對論。他二十二歲博士畢業時，應老師索末菲之邀，寫了一篇介紹相對論的長篇文章，得到愛因斯坦本人的高度評價，至今還被認為是最好的相對論書籍。

海森堡比包立小一歲，按照他後來的老師玻恩回憶，海森堡是個金色短髮、笑容明朗、喜歡穿皮短褲的俊秀青年。這個青年在二十五歲時，就當上萊比錫大學（University of Leipzig）的物理系主任，看起來比許多學生還要年輕活潑。海森堡還喜歡打乒乓球，後來他藉系主任職務之便，組織全系的乒乓球比賽，第一年稱霸全系，第二年卻衛冕失敗。為什麼呢？因為這年從美國來了一個博士後研究員周培源，只比海森堡小一歲，後來學成回國，擔任過北京大學的校長。

這時代的量子力學頂尖研究者中，最年輕的是保羅．狄拉克，生於一九〇二年。他二十三歲進入劍橋時，還對量子力學一無所知，短短兩年後就建立起自己獨特的體系，二十八歲時已經提出描述電子的相對論性方程式——狄拉克方程式（按：描述粒子自旋的方程式）。

不過，狄拉克到底算是理論物理學家，還是應用數學家，實在很難說得清楚。他後來擔任的是劍橋的盧卡斯數學教授（按：劍橋的榮譽職位，授予對象為數理領域的研究者），因為太年輕，就任時還引起了一點風波：盧卡斯數學教授席位是世界上最著名的數學教席之一，一大堆人蜂擁而來祝賀這個三十歲的年輕人，而狄拉克一向不擅長跟人打交道，最後乾脆躲進動物園，不讓任何人找到。

而關於年齡與科學成就之間的關係，狄拉克有詩為證（他這首詩，寫得大概比費曼那首哲學詩好一點）：

老年是一種令人戰慄的熱病，
每一個物理學家都為此心驚。
一旦度過了三十年華，
與其苟活，不如輕生。

狄拉克這首詩寫得太絕，他忘了物理學不只有理論物理，而理論物理也不像量子力學那樣近似數學。根據統計，在所有諾貝爾物理學獎的得主中，大概有三分之一是在三十歲前就做出讓自己獲獎的研究，不過大器晚成的物理學家也不少。

但是，總體來說，科學界確實喜歡神童。**出名要趁早絕不是一句空話，因為學術上的資源有限，越早證明自己的學術能力，就越有機會獲得所需要的資源**。和同齡人比起來，神童們總是能進入更好的大學、追隨更好的老師，當然也就能獲得更好的機會，這就是科學上的「馬太效應」[17]。雖然領先一步，並不意味著能夠一直領先下去，但落後一步就很可能步步落後，需要花費更多的時間和精力才能追上。

在科學傳承上，有一個好老師可是很重要的：獲得諾貝爾獎的科學家們，一半以上都有一個得過（或差點得到）諾貝爾獎的師父。湯姆森和歐尼斯特・拉塞福（Ernest Rutherford）前後在卡文迪許實驗室（按：Cavendish Laboratory，隸屬劍橋大學物理系），帶出十七個諾貝爾獎得主；索末菲門下有六個得諾貝爾獎的徒弟；恩里科・費米（按：Enrico Fermi，製造出世界首個核子反應爐，原子彈設計與創造者，被譽為原子能之父）門下有七個諾貝爾獎得主，其中包括華裔物理學家李政道和楊振寧。能拜這些大師為師的機會，可不是天上掉下來的，而是經過激烈競爭得來，倘若沒本事在年輕時就顯露足夠的才華，絕不可能做到。

天才不易，成才更難

幸運的神童都是相似的，而不幸的神童則各有各的不同。總結而言，**神童是一種可遇不可求的珍稀生物，不是每位父母都知道該如何正確對待他們。不恰當的教育方式很可能毀掉珍貴的天賦，或者在成年之後留下精神創傷。**例如王安石的〈傷仲永〉，不管是確有其事還是杜撰，這篇文章都證明了即便是神童，後天教育也不可少。而在這方面，確實有一個活生生的例子，來告訴我們開明的父母有多重要。

回到本節開頭的故事。皮茨的論文是模控學出現的開端，但真正創立它的，是另一位神童——美國應用數學家諾伯特・維納（Norbert Wiener）。維納出生時，就打響他身為神童的名聲：他在哈佛當教授的爸爸，在他剛出生時就召開記者會，宣告要把自家兒子培養成神童。而他確實做到了這一點，但是以一種讓父子兩人都絕對不愉快的方式。

根據維納本人的回憶，父親從他一歲起（你沒看錯，就是一歲！）就親自在家裡幫他上課，學習希臘語、拉丁語、數學、物理和化學。課程一開始總是以輕鬆又平常的語氣開始，但是，一旦兒子出錯就變得「好像有血海深仇一般怒吼」。這種教法肯定會留下心理陰影，接下來，維納一生脾氣都非常古怪，不討人喜歡。但在學業上，他是成功的：他史無前例的在十八歲就拿到哈佛博士學位。維納的爸爸抓緊一切機會，在各種媒體上吹噓自己「把懶惰的兒子培養成天才」，但是，這種教育方式對兒子的傷害非常深，讓維納覺得好像成功都歸功於父親，而萬一失敗則都是自己的錯。後人從維納成年後的表現判斷，他很可能罹患輕度的躁鬱症。

---

17 源於《馬太福音》：「凡有的，還要加給他，叫他有餘；凡沒有的，連他所有的也要奪去。」馬太效應被用來形容成功科學家獲得的累加優勢，最早是一九六八年由美國社會學家羅伯特・莫頓（Robert King Merton）提出。

說實話，一個人要是整個青春期都處於被嚇壞和生悶氣交替的狀態，變成情商（Emotional Intelligence Quotient，簡稱EQ）為負數的典範也毫不稀奇。維納後來去劍橋大學當博士後研究員，絕對是最讓羅素惱怒的學生。羅素曾經在寫給朋友的信裡抱怨：「此人十八歲，哈佛博士。他被人吹捧習慣了，還以為自己是萬能的上帝。」師徒倆天天吵架。

後來，維納甚至還鬧過這麼一齣：指控他的教授們剽竊自己的作品。有鑑於他指控的教授裡包括理察·柯朗[18]（Richard Courant），他說的話沒人肯信——研究生們紛紛表示，如果柯朗老師肯使用我們的研究，我們受寵若驚啊！維納憋了一肚子氣，默默寫了一部小說，主要情節就是一位無恥老教授剽竊年輕人的思想，後來遭到報應的故事。幸虧這部小說沒有發表，不然律師一定會找上門來。後來，他的自傳就是因為有律師告他誹謗，才不得不刪去許多內容。

雖然維納沒有按部就班上完中學，但他一生中的大部分時間好像老是在生氣，老是覺得被威脅、沒有安全感，倒確實挺適合「中二」（按：源於日本的「中二病」一詞，指人經常自以為是的活在自己的世界裡，或者有基於虛妄之上的自信。這種情況據說常在中學二年級發生，故稱「中二病」）這個詞。

維納是皮茨的博士生導師，指導他的博士論文。不過，在他們研究模控學的團隊中，還有一位非常重要的合作人，那就是神經科學家沃倫·麥卡洛克（Warren McCulloch）。事實上，麥卡洛克才是團隊凝聚力的來源，皮茨的數學生物物理學論文都是跟他合作發表的。大家相安無事的合作了幾年，忽然有一天，維納再也不跟這個團隊聯繫，事前沒有徵兆，事後也沒有解釋，到現在也沒人確切知道到底是為什麼。失去維納的模控學蒙受了巨大的損失，研究停滯下來，而傷心的皮茨毀掉了自己的博士論文，後來因為酗酒加吸毒[19]而去世。

一個過度望子成龍的凶惡老爸，最後毀掉的不只是自家的神童。只能說，天才已不易，成才更不易，且行且珍惜！

18《數學物理方法》（*Methods of Mathematical Physics*）的主要作者，出生於德國，後來前往美國，開啟美國的應用數學研究。

19 身為科學家，皮茨的毒品是自己在實驗室動手合成的。但不論理由為何，都不該吸毒。

02 有人二十幾歲就成名，有人老來得「智」

雖然說，成為科學家跟下圍棋差不多，所謂「二十不成國手，終身無望」（按：為金庸小說《碧血劍》中對圍棋的說明），其實也是有幾塊「老薑」，到了同齡人差不多都要退休的時候，才開始發光發熱。就連號稱是年輕人國度的數學也不例外。

哈代在《一個數學家的辯白》裡說：「伽羅瓦二十歲去世，阿貝爾二十七歲去世，拉馬努金三十三歲去世，黎曼四十歲去世……我不知道有哪一個重要的數學進展，是由一個年過半百的人創始的。」哈代那時候正感傷於自己年華老去，以及創造力突然消失，因此他忘了數學家裡確實有一個例外，在前面所列四位天才都已經去世的年齡，這個人才剛剛成為一位真正的數學家。

與數學界隔絕十五年，才成為數學家

「現代分析學之父」卡爾．魏爾施特拉斯（Karl Weierstrass，一八一五—一八九七年），

十九歲高中畢業後，被他爸爸送進大學，學的是商業和法律，目標大學畢業之後當上公務員。不過，魏爾施特拉斯對當公務員沒什麼興趣，大學四年時間，全都花在擊劍俱樂部和純正的德國啤酒之上。魏爾施特拉斯簡直是天生的劍聖，打遍全城無敵手，四年間鬥劍無數，但自己身上從沒留下任何傷痕。

在劍與酒之間，他閱讀法國數學家皮耶—西蒙．拉普拉斯（Pierre-Simon Laplace）的《天體力學》（*Traité de mécanique céleste*），為終身興趣打下基礎。不過，這對他的法律學位一點幫助都沒有，四年後他兩手空空回家，讓老爸大為惱火——這也是理所當然，鄉下小職員家庭省吃儉用四年，擠出錢來供兒子進城念書，他卻全然浪費時間和金錢，徹頭徹尾失敗了。

魏爾施特拉斯身為長子，沒工作可不行，家裡還等著他接力支撐家計呢！於是，二十四歲這一年，魏爾施特拉斯參加了國家教師考試，準備念兩年師範課程後去考教師資格[20]。正是在這個時候，他接觸到他一生中最重要的恩師克里斯托夫．古德曼（Christof Gudermann），把冪級數（按：形式簡單、應用廣泛的函數級數，是分析學研究的重點之一）理論這個將陪伴他一生的

20　其實，愛因斯坦大學時讀的也是師範課程（蘇黎世聯邦理工學院〔Eidgenössische Technische Hochschule Zürich〕師範系物理科）。對高中師資水準的嚴格要求，是後來德國科學界有飛躍性發展的重要原因。

法寶教給他。

古德曼與魏爾施特拉斯這對師徒，在某種程度上也是相當契合。古德曼開課講橢圓函數的時候，第一堂課只來了十三個人，他不在意，因為德國的教授是公職人員，薪水跟學生的學費沒有關係，不來聽課頂多就當掉而已，自己的學業，難道要教授來操心？於是，從第二堂課開始，教室裡就只有一個學生了。這個人是誰當然不用多說，總之古德曼很高興，這表示終於有一個真心喜歡這門課的學生。魏爾施特拉斯當然也很高興，他可以獨占教授的講解。

而在接下來的教師資格考試裡，魏爾施特拉斯交出這個考試有史以來最深奧又最高明的論文，得到一張「對數學的獨創性貢獻」的證書。之後，他就被一腳踢到某個偏僻的小鄉村，當了整整十五年的中學老師。

當時，中學老師的薪水很低，因此魏爾施特拉斯沒有閒錢做當時知識分子必須做的事：與同行保持科學通信。他一週的薪水不夠他寄三封信，買新書就更別妄想了。從一個數學家的意義上來看，他差不多是與世隔絕了。如果用網路遊戲來比喻，**魏爾施特拉斯就是玩了十五年的無更新單機遊戲**（按：僅使用一臺遊戲機或電腦就可獨立運作的遊

▲卡爾・魏爾施特拉斯。

戲），**到他四十歲那年才重新連上線**。

此外，他的教學工作很繁重，白天要教數學、物理、語文、地理、書法和體育（沒錯，當時真的可以說「數學是體育老師教的」）；晚上，魏爾施特拉斯還獨自熬夜讀阿貝爾函數。他從來沒有在村子裡展露過任何懷才不遇的情緒，當地的地主和村民們回憶起他，都覺得這個人非常和氣。他每天晚上獨自做研究，也沒有急著要發表什麼一鳴驚人的論文，以改善自己的處境。一直到三十九歲，他關於阿貝爾函數的工作臻於完滿時，才在著名的數學雜誌上發表自己的成果。

數學不只超越國界，也超越戰爭

數學界的認可以迅雷不及掩耳之勢降臨，魏爾施特拉斯作為職業數學家的路終於開啟。也許是對此前過於漫長等待的補償，他的創造力在此後幾十年裡源源不絕。不過，他還是像當初窩在鄉村時一樣，一點也不急著發表自己的研究成果，他的習慣是反覆修改理論，直到找到能夠發展出它的最好方式。

這種習慣承繼於偉大的高斯，在數學證明的房子完工後，他會「拆掉所有的鷹架」，有時還會抹掉所有通向它的腳印，讓它看起來超凡脫俗、美輪美奐。因此，**我們在數學課本上看到無數精緻、簡潔、完美的證明，在數學家們的書桌上都曾經是一片亂糟糟的難看「工地」，經過長**

期作業後，才呈現出現在的模樣。這種完美主義導致魏爾施特拉斯的著作發表得非常慢，而且，他還曾經發生過不可挽回的慘劇：六十五歲那年，一次旅行途中，他把隨身攜帶、裝手稿用的箱子弄丟了！

魏爾施特拉斯勤勞樸實、和藹可親、不急不徐、踏實沉穩，對學生如同春天般的溫暖，對數學錯誤如同秋風掃落葉一般絕不留情，他就只有一個缺點：在現實世界裡有點丟三落四。在這之前，他也發生過許多次把未完成的手稿借給學生傳閱，結果蒙受損失的情況，直接弄丟的也有、被塗改再還回來的也有，甚至也有被學生拿去改頭換面後，充當自己的成果發表。魏爾施特拉斯對前兩種情況都毫不生氣，對第三種情況卻難得表達出基於完美主義的不滿——署名是誰我不在乎，但是文章被你們改得很爛，你們知道嗎？

這一箱丟失的手稿一直不知下落，要是能被找到，一定價值連城——只是，要落在識貨的人手裡。珍貴的手稿有時也會遇人不淑，一個例子是李奧納多．達文西（Leonardo da Vinci）的筆記，另一個例子是牛頓的手稿。這兩位都終身未婚，沒有後代，達文西的遺作交給朋友，牛頓的遺作交給侄女。

當然，這個世界上的不肖子孫也很多，不見得生個兒子就能把好東西傳承下去，總之這些手稿最終都被拆成單頁，用來換錢。牛頓家的繼承人尤其可恨，不但丟人現眼的把祖上遺產拿去拍賣，而且只賣了九千英鎊！得來的錢還拿去支援納粹！要是魏爾施特拉斯的手稿也落到這種地步，我想完美主義的他，說不定還寧願這箱手稿被拿去點菸斗。

不過沒關係，雖然魏爾施特拉斯本人的著作不算多，但他的工作成果已經由大批弟子傳遍整個歐洲——**魏爾施特拉斯並非史上最偉大的數學家，但絕對是史上最偉大的數學教授，他的聲望甚至凌駕於戰爭之上**。一八七〇年普法戰爭時，有個青年人到巴黎求學，法國數學家夏爾．埃爾米特（Charles Hermite）就對他說：「要學分析的話，你應該去柏林找魏爾施特拉斯，因為他是我們所有人的老師。」完全不在乎當時柏林是敵國首都，而魏爾施特拉斯是敵國人士。

這是數學家們的光榮傳統：**數學超越國界**。當初，拿破崙的大軍浩浩蕩蕩碾過高斯家鄉時，這位大師的保護人卡爾．威廉．斐迪南（按：Karl Wilhelm Ferdinand，普魯士陸軍元帥、布藍茲維公爵，是高斯的主要贊助人）戰死，他不只失去經濟來源，還被法國人徵收兩千法郎的戰爭金。兩千法郎在當時是一大筆錢，而高斯還只是個剛結婚的青年，怎麼拿得出這筆錢？最後，是遠在巴黎的拉普拉斯聽說這件事，替高斯付清這筆錢。

談戀愛，學術成就更高？

另一位大器晚成的天才，則在量子力學領域。這個人在一群二十多歲的青壯年中特別顯眼，他就是薛丁格。薛丁格做出他賴以成名的、對物理學最大的貢獻時，已經三十九歲。

關於薛丁格最出名的事情，大概有兩件：一是「薛丁格的貓」；二是他去牛津赴任時，同時帶著夫人和婚外情的女朋友。別說是二十世紀，就算是現在，這種行為絕大多數人也不能認同。

薛丁格一輩子的風流韻事，大概相當於本書其他科學家的總和。年輕時他為情所困，直到二十五歲，還在認真考慮要不要放棄薪酬微薄的學術工作，回家安分當個「富二代」。不過，這個想法卻被他爸果斷拒絕。這很稀奇，通常這種戲碼都是保守的長輩要孩子繼承家業，而孩子為了理想誓死不從，在薛丁格家卻是反過來。因為老薛丁格當初就是為了養家，不得不放棄心愛的學業，後來他做生意發跡，不願意兒子再重蹈自己的覆轍。隨後一戰爆發，作為奧匈帝國預備役炮兵軍官的薛丁格就上了戰場。在戰場上，他還悠閒的寫論文，反正炮兵離前線很遠。

對歐洲科學界來說，第一次世界大戰是一場可怕的噩夢。大學生們逐年級的被徵召入伍，有無數的科學未來之星隕落在戰壕裡，甚至可能死得毫無軍事價值。除了炮彈之外，疾病奪去更多人的生命，更別說戰後緊接著來襲的大流感。即便是倖存下來的那些人，他們人生中最寶貴、最可能產出成果的時光，也已經耽誤好幾年。

不過，不管如何，炮兵還是比步兵安全一

▲ 埃爾溫・薛丁格，此圖約攝於1933年。

點。薛丁格的老師就陣亡在一次步兵隊伍的衝鋒中。可能正是因為這令人惋惜的損失，薛丁格很快被調離前線，回到維也納幫防空炮兵講氣象學。總不能讓所有的物理學教授都陣亡吧？

附帶一提，**正是因為第一次世界大戰時科學界蒙受可怕損失，到了第二次世界大戰，各國才執行「科學家不上前線」的潛規則**。他們在後方發揮出比在前線衝鋒更強大的作用：物理學家發明雷達（後來，還有導彈和核武器），數學家則展開密碼戰。這些發明的功過是非暫且不討論，但科學研究人員不再於前線衝鋒中陣亡，是不爭的事實。

再說回薛丁格。戰爭造成他許多麻煩：他家破產，而他染上肺結核。有一段時間，他靠太太的薪水養著，而他的父母則因為貧困而悲慘的死去。

這段時期的經歷，對他後來的職業生涯產生巨大的影響。他在輾轉各國到處漂泊的漫長過程中，總是把財物安全放第一位；而為了保住教職，他在教學上投入過多的時間，也就妨礙了他對物理學的探尋。

實際上，這就是大器晚成的不利之處了。大家當時都知道薛丁格是不錯的物理學家，要不然，蘇黎世聯邦理工學院也不會請他去當教授，但要說能為他提供什麼特別的待遇，又還差了那麼一點。那幾年，薛丁格也並不是完全沒有工作成果，水準也還不錯，但又沒有好到能引起特別注意的地步，這些成果一直到他拿諾貝爾獎之後，才被人翻出來查看。大器晚成的人必須更耐得住寂寞，更扛得住逆境，還得更加淡定面對比自己年輕很多的同事。

而薛丁格調適心態的法寶，大概是女朋友。他有一項非常特殊的能力——都說戀愛使人愚蠢，可是他每次陷入一段戀愛時，創造力都會得到驚人提升。雖然一般來說，關心別人的私生活不太厚道，但是薛丁格的私生活確實跟他的科學成就密切相關，所以我們沒辦法不提。

總之，有一位身分至今未知的神祕女友陪了他一年，而在這一年中，他生產了六篇關於波動力學[21]的重要論文。一九二六年，三十九歲的薛丁格創造力爆發，恐怕只有一九〇五年時二十六歲的愛因斯坦才能相比（按：該年，愛因斯坦發表四篇論文，在物理學的四個領域中取得歷史性成就。後人稱這年為「愛因斯坦奇蹟年」）。

（別人已得諾貝爾獎的）三十三歲，他才剛拿到博士

真要計較起大器晚成有多晚，最傳奇的例子還是約翰．富蘭克林．恩德斯（John Franklin Enders，一八九七—一九八五年）——「現代疫苗之父」。他也是趕上一戰，大學期間從軍、當飛行員，耽誤到二十三歲才從耶魯畢業。戰後，他做了一段時間的房地產生意，覺得無聊，又回到哈佛念英國文學。等到他覺得這門專業不值得他託付一生，而去進修細菌學和免疫學時，已經是好幾年後了。

恩德斯拿到醫學院博士學位時，已經三十三歲了。有大約三分之一的諾貝爾獎得主，在這

個年紀時已做出獲獎的成果，而他才剛畢業呢！也是因為他起步太晚，他在哈佛當了整整十二年的講師和助理教授，又當了十四年的副教授，要不是他在五十七歲那年拿到諾貝爾獎，恐怕他還會在副教授的職位上待得更久。

恩德斯獲得諾貝爾獎的發現，是在試管中培養小兒麻痹症病毒的簡易方法。他也是第一個指出失去活性的病毒也能達到免疫效果（按：有些疫苗的機制，即是採用失去或降低活性的病毒，來刺激人體免疫系統）的醫學家，因此被尊稱為「現代疫苗之父」。在獲得諾貝爾獎之後，他依然以花甲之姿繼續探索，證明麻疹的可免疫性，為研發麻疹疫苗開創了道路。從此，無數嬰兒因為恩德斯的發現，而逃脫病魔的威脅，其中就包括了你我呀！

21 根據微觀粒子的波動性建立的量子力學表述。與海森堡創立的矩陣力學，同為量子力學中的重要理論。

03

怎麼替能力加分？把自己的經歷編成一個故事

天才也是人，他們沒什麼神奇，只是比我們更聰明、更認真、更專注，對真理的愛遠甚於其他嗜好，最重要的是他們更願意花時間。最後這點尤其重要，因為天賦在某種程度上是一種「觸發技能」，必須下足苦功才能顯現。而慚愧的說，以我們絕大多數人努力的程度，可能都沒有觸發天賦的資格。

不過，在人類的歷史上，確實有些人留下了名字，他們做的事改變了我們的文明、世界和觀念，而其中有些人，更是大幅改變了世界的樣貌。因此，談論和評價這些極少數的菁英，確實是有趣的事。而在談論和評價之中，有些細節被簡化、另一些被誇大，故事在流傳的過程中變得越來越戲劇化，也是難免的事。

例如這一位：神情嚴肅的老人，長鬚、長髮，五官深刻端正，濃眉之下眼神陰鬱，打扮得像是一個神祕宗教的僧侶。單看這些描述，你覺得畫中的主角是什麼樣的人？你會覺得他睿智？與眾不同？令人仰慕？

如果我告訴你，這是李奧納多．達文西的自畫像呢？

你可能會馬上覺得，果然不愧是傳說中的最強大腦（按：據說達文西的智商可能達兩百三十），真是相貌奇異、不同凡響、智力超群，每一根頭髮都散發著藝術和人文的光輝，實乃上天賜予人類的瑰寶。

腦補，真的是一項非常強大的功能。

這其實都怪我們作為人類，本能就喜歡故事，而且，差不多從會說話開始，就在練習講故事。故事要求誇張和戲劇化，必須與眾不同，否則沒辦法被記住。所以，在面對這些特出的人和事時，我們往往習慣把一大堆好的（或者自以為好的）事物堆砌上去，把傳說變成傳奇。只有最好的小說家，才能克制自己別錦上添花；但普通人往往認為，越戲劇化的情節，越容易受到人們的青睞。

而且，替自己吹牛很丟臉，但如果是替別人吹牛，通常沒什麼道德上的壓力。關於天才們的神話，正是因為這樣的心理而產生，隨後在人們的口耳相傳中，慢慢變成大家心目中的「真相」。套用魯迅的名言句式：**其實這世上本沒有神，講故事造神的人多了，也便有了神。**

李奧納多．達文西就是這麼一位被封神的人物。

出身平凡而成為勵志故事主角，被修成「先知」的達文西

在現代，「達文西」這個名字幾乎是無所不能的代名詞，隨便在網路上搜尋，一定會出現畫家、雕塑家、發明家、解剖學家、工程師、建築師等諸多頭銜，誇張一點的還會再加上數學家、音樂家和作家，反正你能想得到的「家」，放到他身上多半都不會有人反對。

他的畫作（雖然得到確認的其實只有十多幅）被全世界奉為至寶；他發明的超時代產物不勝枚舉，據說包括自行車、坦克、機器人、變速箱、太陽能熱水器和飛行器；他的科學手稿拍賣出幾百萬美元的價格，由比爾．蓋茲最終捧回；他記錄的「愛情血管」，裡面流淌的血液從左手第四指流向心臟，直接影響後世的文化，讓後人們都把婚戒戴到這根手指上。

好像嫌這些說法還不夠戲劇化，關於他的傳奇甚至包括「達文西睡眠」，據說他只需要利用零碎時間，多次的短暫睡眠，就能保持精神奕奕。這點一定讓每一個被作業和考試所苦的學生無比羨慕——哪個學生沒有在期中、期末考前，苦悶的

▲《自畫像》（*Portrait of a Man in Red Chalk*），現藏於義大利都靈皇家圖書館（Biblioteca Reale di Torino），以紅粉筆繪製，部分學者認為是達文西的自畫像，約繪於他60歲時。

想著「要是我可以不睡覺就好了」？幾乎沒有人的智者形象比他更深入人心，假如我們現在舉辦票選「史上最強天才」的活動，達文西多半會入選前十，甚至可能進入前三名。

更難得的是，和牛頓、愛因斯坦、阿基米德或高斯等科學家完全不同，達文西的成名和科學之路，是個徹頭徹尾的勵志故事。

首先，後人對他的稱呼都是錯的，雖然他的全名的確是叫李奧納多・迪・塞爾・皮耶羅・達文西（Leonardo di ser Piero da Vinci），但達文西不是他的姓，迪・塞爾・皮耶羅也不是。「達」和「迪」都是介詞，這一長串名字的意思是「文西城皮耶羅先生之子李奧納多」，實際上他是個私生子，根本就沒有姓，只有李奧納多這個名字。

其次，達文西沒有上過大學（其實，他算是沒上過學），對古代哲學認識不多，沒受過數學訓練，很晚才學習幾何學。此外，按照當時知識分子的標準來看，他幾乎就是個準文盲：當時，知識界的通用語是拉丁語，每個大學畢業生都必須熟練掌握，因為讀課本、寫論文、出書都要用到它，想要跟同行通信討論問題，不會拉丁文更是萬萬不可。但是，達文西偏偏不能熟練的讀寫拉丁文，他一輩子說的和寫的都是方言，所以他必然被排斥在知識界之外，既無法接觸到文獻，也很難和人討論靈感。

達文西的靈感都是從身邊的工匠們得來：鐘錶匠、玻璃工人、鑄鐘匠人，還有那些在歐洲各地奔波、與人們分享見聞的旅行家。他來自社會底層，代表著平民的智力勝利，普通人怎麼能不喜歡他呢？

或許，正因為大家都太熱愛這個故事，所以達文西的生平在幾百年的流傳中，得到各種加工。在訊息傳播上，這是必須的：講故事的人，總希望別人聽完後有點不一樣的反應，而不是只平靜的回應一聲「哦」，所以，故事裡一定要添加各種離奇的「佐料」。這也是現代社會中狗仔隊和八卦雜誌等存在的原因，也是科學史上種種神話產生的根源。

當我們搜尋腦海中關於達文西的印象時，會發現一大堆「哇！這簡直不是人」的情節。比如跟郭靖「左手畫圓、右手畫方」異曲同工的「左手寫字、右手畫畫」；在他筆記本上如同天書一般，被稱為「達文西密碼」的左手反寫鏡像文字；年輕時他容貌異常俊美，跟美少年鬧緋聞八卦，後來又獨身終老、沒有後代；徹底的素食主義，甚至把擠牛奶都斥責為對乳牛的盜竊行為——在這樣的營養條件下，他的身高居然能達到驚人的一百九十四公分，這更是一個奇蹟。

甚至在兒童讀物上，也有達文西學畫畫，練習畫雞蛋花了三年的傳說（跟牛頓煮懷錶、愛因斯坦的椅子，幾乎可以並列為三大騙小孩的科學家故事）。總之，身為天才就有絕不能跟平常人一樣的義務，不貼上古怪的標籤，怎麼好意思出門跟人打招呼？

真正漂亮的女生，照片不需要修圖；同樣的道理，真正的天才也沒必要強調太多誇張的細節。達文西是一位天才，不需要特別吹噓。但要是把他說得好像從未來穿越到過去，一口氣吹散中世紀的蒙昧迷霧等，就太過不切實際。後世人們對達文西的歌頌，是和對中世紀的厭惡互為表裡：有多討厭中世紀對理性的壓抑，就多推崇這位照亮愚昧暗夜的明星。這其實沒有必要，因為在達文西之前，已經有一批又一批的先行者，試圖掙脫心智上的黑暗枷鎖。而也在同一個時代，阿拉伯的思想家正在鍊金術、數學和天文學的道路上飛速前行，社會已經準備好恢復追求學問的活力。

達文西在這樣的時代背景下誕生，他並不是毫無徵兆出現在夜空中的超新星，他成長在全世界最開放、思想最自由的商業城市，這裡聚集幾乎是全歐洲最出色的藝術家和知識分子，因此他有機會得到足夠訓練，汲取足夠的心智營養，並且承繼前人智慧遺產。他有廣泛的興趣、天才的思維方式、強大的專注力，還有在當時來說難得的高壽，這一切都讓他有驚人的成就——不管是在數量上，或是品質上。

因此，這讓達文西所寫下的筆記，被後世學者們拿著放大鏡檢視，好像對待諾斯特拉達姆斯（Nostradamus）預言[22]那樣過度解讀，常常擷取一句話去對應後世現代化的發明。但這種把

---

22 文藝復興時期，法國的神祕預言家，曾留下一本晦澀又含糊的預言詩集《百詩集》（*Les Prophéties*）。二十世紀曾經造成恐慌的「一九九七世界末日」，就是來自於針對他預言的「解讀」。其實，這預言就跟一個廣為流傳的故事一樣：三個趕考的秀才遇到一個算命的瞎子，請他算一下能不能考中，瞎子只是舉起一根手指。不論是一個考中、一個沒考中、一起考中、一個都沒中，全都解釋得通，總之都不會錯。

他提升到前知五百年、後知五百年的高度，恐怕本性沉默羞怯的達文西如果地下有知，也絕不會同意。

哥白尼日心說，其實根本沒打算引戰

另一個神話的主角，被後世的人們形容成站在巨人歌利亞面前的大衛（按：出自《聖經》的故事，非利士人歌利亞向以色列人討戰，最後是由年輕的大衛〔後來的以色列國王〕與之決鬥）。雖然他本人當時沒有要戰鬥的意思，但是在後世的傳說中，他的形象變成手無寸鐵卻勇敢機智，擊敗了武裝的巨人。

二〇一〇年五月二十二日，波蘭北部的弗龍堡（Frombork）大教堂（按：全名為「聖母升天聖安德肋聖殿總主教座堂」）舉行了一次莊嚴的葬禮。棺木中的遺骨已辭世將近五百年，和弗龍堡神父會的歷代神父一起埋葬在大教堂的祭壇下，直到二〇〇五年才被考古學家利用DNA考證出其身分。這一次重新下葬，後人為他豎立墓碑。黑色花崗岩的石碑上刻著金色的太陽，六顆行星環繞著它——這是五百年前，他心目中的太陽系。

墓主的名字，叫作尼古拉．哥白尼（Nicolaus Copernicus，一四七三－一五四三年）。

在我們常聽到的故事裡，哥白尼彌留之際等到了《天體運行論》[23]最初的試印版，並親手摸了摸書封，才溘然長逝。不過，真實情況一定會讓你希望這件事沒有發生過。因為，這本書在初版時就遭到出版商篡改，不只改了書名、刪掉哥白尼原本寫給教皇的致辭，還用含糊的語氣寫了一篇冒充作者的偽序。哥白尼那時候已經幾近失明，如果看到自己嚴謹的作品變成這副德性，就算真的是拿著書去世，那也是氣到過世吧！

你可能會想，出版商當時應該是好意，這本書付印難道不會遭到教廷的破壞嗎？可是，當初敦促哥白尼出版《天體運行論》的朋友裡，就有一位主教和一位樞機主教（按：天主教中最高級的主教），他們可不是為了找朋友麻煩才這麼建議。

▲尼古拉．哥白尼。

23 《天體運行論》是清代數學家李善蘭翻譯時採取的譯名，它的拉丁原名 De Revolutionibus Orbium Coelestium，指的是「各天球的運行」。

哥白尼本人是一位地位很高的教士，教皇曾經親自就修改曆法的問題向哥白尼諮詢，一五八二年開始實行的格里曆（按：也就是公曆，是當前國際通用的曆法），正是利用《天體運行論》中的諸多運算。**整個十六世紀下半葉，天主教都沒有刻意限制《天體運行論》的傳播**（而從一開始就反對它的，是馬丁・路德〔Martin Luther〕的新教），甚至一六〇〇年焦爾達諾・布魯諾（按：Giordano Bruno，文藝復興時期的宇宙學家，支持日心說，但這可能並非他被視為「異端」而受迫害的原因）在羅馬遭受火刑的時候，學者們仍然可以安全的私下講授《天體運行論》，宗教裁判所根本不會來找麻煩。**直到一六一六年，天主教跟新教之間的矛盾達到最高點，教皇必須嚴肅維護《聖經》教義，才將《天體運行論》列為禁書，而這時候離哥白尼去世，已經過去七十多年了。**

也就是說，在這本書出版的當時，壓根沒人覺得教廷會因為這本書而迫害誰。

首先，這本書難懂得要命，哥白尼自己都說過「數學方面的內容是為數學家寫的」。而且，他寫出來的數學，還不是我們常見的簡潔明瞭格式，當時甚至還沒發展出像樣的數學語言。

其次，哥白尼的理論也不是為了反對托勒密體系（按：以地球為中心的宇宙模型）而提出，他只是為行星的運動方式提供另一種數學描述，而這個描述既沒有體現出物理意義，也並沒有明顯比托勒密體系還精密（關於這方面，要等待日後約翰尼斯・克卜勒〔Johannes Kepler〕的努力）。他最大的改良是讓模型簡化一些：地球繞著太陽旋轉，可以省去本均輪體系[24]裡的七個大本輪，但小本輪個數並沒有減少；此外，他讓行星按順序排列成為可能，但在他的理論裡，行星依然是鑲嵌在一系列同心球上的，只不過球心換成太陽。

因此，在哥白尼提供的圖景裡，整個宇宙還是一大堆疊在一起轉動的透明水晶球，跟兩千年前托勒密提出的那一套仍是同一系列，只是款式不同。兩種理論的準確度和計算繁瑣度差不多，而且就當時能夠達到的觀測精確度來看，地心說也沒什麼錯誤。

後世的成果粉飾當時的初衷。**《天體運行論》絲毫沒有對舊時代天文學宣戰的氣息**，甚至連日心說這個學說，也早在西元前三世紀，古希臘哲學家阿利斯塔克（Aristarkhos）就已提出。

哥白尼的革命性，是被一代代的後輩們逐漸加上：丹麥天文學家第谷·布拉赫（Tycho Brahe）、德國天文學家克卜勒、義大利天文學家伽利略（Galileo Galilei），最後是牛頓為天體運行提供了動力學基礎。太陽成為宇宙的中心，接著再被天文學新發現推翻。宇宙的真相逐步展現，而揭開真相第一層面紗的那個人，當初其實並未意識到自己做了什麼，更別說宣戰了。

24 在哥白尼之前，地心說用「本輪」和「均輪」來描述太陽系天體的運行。由於行星的運動看起來並不規則，顯然不是直接繞著地球轉圈，古代天文學家就設想它們被「安裝」在一個小圓上，也就是「本輪」；而本輪又「安裝」在環繞地球的大圓上，就是「均輪」。本輪沿著均輪運行，行星沿著本輪運行，這樣就能解釋行星忽前忽後的奇怪行徑了。而隨著天文觀測越來越精確，要解釋行星的複雜運動，一個本輪已經不夠用，所以本輪上疊加小本輪，小本輪上又疊加小小本輪，一直疊加的結果，就是基本上沒人知道究竟有多少個本輪。

關於牛頓的蘋果樹：真相不重要，有故事就好

在科學史上，這種後世有意無意強加在前人身上的「戰鬥」、「靈感」等標籤，數量還真不少。比方說，從浴缸裡跳出來在街上亂跑的阿基米德（按：指阿基米德泡澡時，想出利用浮力來檢驗國王的王冠是否造假，因此不管自己還裸著身體，就跑了出去），或者在夢裡看到一條蛇咬著自己的尾巴（也就是「銜尾蛇」），從而發現苯環結構的奧古斯特．凱庫勒（按：August Kekulé，德國有機化學家）。天才們的靈感彷彿從來不會在實驗室裡產生，而是在床上、馬桶上、各種交通工具上，如同一道閃電般的擊中他們。

最典型的例子，應該是打中牛頓的那顆蘋果，它簡直能跟達文西的雞蛋相互輝映。

蘋果，大概是人類歷史上最著名的水果[25]。一顆紅蘋果，讓人類走出伊甸園；一顆金蘋果，讓特洛伊陷入十年戰亂，也為後世留下不朽的史詩（按：希臘神話中，雅典娜〔Athena〕、阿芙蘿黛蒂〔Aphrodite〕和赫拉〔Hera〕三位女神爭奪金蘋果，而間接導致特洛伊戰爭）；還有一顆蘋果，一顆不知道品種、顏色和口味的蘋果，據說正是它砸開通往萬有引力理論的大門，使年輕的牛頓頓悟引力的概念。

為什麼蘋果會落向地面呢？為什麼它沒有飛向天空？一定有什麼力量牽引著它，那究竟是什麼呢？

對已經習慣了經典物理學的現代人來說，這是一連串順理成章的問題。但別忘了，牛頓所處的時代，正是現代物理學等著被奠基的時代，中世紀的蒙昧剛散去不久，這顆蘋果算是最早撒在物理學地基上的幾鍬土之一——那時還沒有「現代科學」的概念，牛頓和同時代的科學工作者，都把自己的工作定義為「自然哲學」。牛頓本人最著名的著作《原理》，全名就是《自然哲學的數學原理》（*Philosophiæ Naturalis Principia Mathematica*）。在十七世紀中葉，從一顆落下的蘋果想到萬有引力，其難度絕對可以與在二十世紀初從一部自由墜落的電梯想到廣義相對論媲美。唯一的區別是，後者是思想實驗，並沒有真實發生。

牛頓與蘋果的故事，之所以能廣為流傳，一大半要歸功於大名鼎鼎的法國思想家伏爾泰（Voltaire）。伏爾泰自己不是當科學家的料，雖然他曾經努力過，比如他烤焦許多蔬菜，試圖找到火的本質；或者剪掉許多蝸牛的頭做研究等。但他對科學的主要貢獻，還是表現在介紹和鼓吹牛頓的學說上。按照他的說法：「艾薩克．牛頓爵士在他的花園裡散步，首次想到他的引力體系，接著便看見一顆蘋果從樹上掉下。」這是多麼有畫面感的描述！這種文筆與其說是出自一位學者的自述，更像出自一位劇作家之手——像是伏爾泰。

25 在古英文中，apple可以泛指各種水果。因此，它理所當然會成為最知名的水果。

姑且先忘記在那之前已經有人提出猜測，牛頓其實完全不需要一顆蘋果來提示自己這件事。況且，伏爾泰的故事其實是二手的，他從牛頓的外甥女巴爾頓夫人那裡聽到這個故事，她在倫敦上流社會是著名的美女，曾擔任過牛頓的管家。巴爾頓夫人當然是從牛頓本人那兒聽到的，但是這顆蘋果砸到的是二十三歲的牛頓，而他第一次提起它時已經八十四歲。

後來，這個故事衍生出許多大同小異的版本，比如看到蘋果落地的是少年時代尚未離家念中學的牛頓；或者傳說牛頓散步的地方不是老家林肯郡，而是在劍橋；至於這顆蘋果有沒有打到牛頓，那顆人類歷史上最寶貴又偉大的腦袋，又更是眾說紛紜。反正蘋果不是什麼稀罕的東西，在哪裡看見都不奇怪，而且不論在哪裡看見它，最終不都要掉下來嗎？

按照牛頓本人在晚年對《艾薩克・牛頓爵士生平回憶錄》（*Memoirs of Sir Isaac Newton's Life*）作者的講述，這棵「牛頓蘋果樹」應該是生長在牛頓老家的窗外。而牛頓舊居的窗外，的確有棵老樹。雖然一般來說，蘋果樹的壽命不會超過一百年，但沒有關係，根據有關學者的研究，這棵蘋果樹已

▲「牛頓蘋果樹」後代的其中一棵蘋果樹，位於劍橋大學植物園內。

經在那裡生長了三百五十多年，甚至還發表了研究成果。

別覺得奇怪，英國人對這棵蘋果樹非常認真，考證它的論文和專著，加起來起碼一萬多篇。考證的結果是，這棵樹在一八二〇年（距離他被蘋果砸中的一六六六年，已經過了一百五十四年）被暴風雨刮倒、斷成好幾段之後，在原地自我扦插，經歷風風雨雨後，一直活到現在（又過了一百多年）。

不管你相不相信，反正英國人是相信了，而且世界各地的人也相當捧場，紛紛在各處扦插來自這棵蘋果樹的樹苗，世界各地的大學校園裡都有它的子孫後代，全都跟品種貓狗一樣附有血統證明書。至於，究竟是不是真的「那一棵」蘋果樹，說實話，這很重要嗎？

沒關係，只要有故事就行。

04

選對教育制度，人人都有機會變天才

在十九世紀的最後三十年，和二十世紀的最初十年，匈牙利的布達佩斯（Budapest）堪稱是全歐洲經濟發展最快的地方。這個城市由華麗的宮殿山城布達（Buda）和沼澤地區佩斯（Pest）組成，有著當時歐洲最大的證券交易所，和世界上最雄偉的議會大廈，並擁有歐陸第一個地鐵系統（按：布達佩斯地鐵一號線於一八九六年五月通車），簡直是一幅飛奔進入現代化的景象。

匈牙利奉行的是最完善的菁英教育制度，跟前面提到印度殖民地時代的僵化教育制度完全不同。匈牙利教育關心天才，而且幾乎只關心天才，一〇％的菁英兒童能夠得到最好、最精心、最完善的培育，至於其他的九〇％兒童……誰在乎呢？

這是真正的黃金年代，短短幾十年間，天才兒童簡直是如噴泉一般出現，有傳記作家這樣形容：「布達佩斯的婦產科，猶如汽車裝配生產線，生產出一批批的天才。」光是在一八七五年至一九〇五年的三十年間，就有未來的六位諾貝爾獎得主在這個城市出生，這還不包括其他天才數學家和藝術家。這批人因為之後的戰亂，而遷移到世界各國，在數學、醫學、科學、技術、音樂、藝術和經濟方面，都大幅改變了世界。這也難怪當時世界各地的人都覺得：你們這些匈牙利人其實是來自火星，肩負著統治地球科學界的使命吧？

據說，「氫彈之父」愛德華・泰勒（Edward Teller）抵達美國時，真的有人問過他這個問題。而泰勒也是挺有幽默感的人，他立刻顯露出憂慮的神情，說：「是馮・卡門[26]（Theodore von Kármán）洩密的，對吧！」

「不用電腦，答案我有了」，人體計算機馮紐曼

在這批「匈牙利的火星人」裡，最光彩奪目的必然是被稱為**現代電腦創始人之一的約翰・馮紐曼**（John von Neumann，一九〇三－一九五七年），**許多人認為他是數學領域裡最聰明的人。**馮紐曼一輩子做過許多不像是地球人會做的事，其中最奇特、別人一定做不到的，大概是他同時註冊成為蘇黎世聯邦理工學院、柏林大學和布達佩斯大學三所高等學府的學生，攻讀化學工程學

26 匈牙利這批「火星人」裡最年長的一位，也是最早到美國的科學家之一。他的研究領域為航太工程，創建噴氣推進實驗室（美國國家航空暨太空總署〔NASA〕的下屬機構）。

士學位和數學博士學位，而且最終全都順利畢業。

跟愛因斯坦一樣，馮紐曼在蘇黎世理工學院的成績也並非頂尖。他來自一個務實的銀行家家庭，選擇讀化學工程的原因很簡單：「有備無患，好找工作。」當時，那批「火星人」中，絕大多數人和他做出同樣的選擇，但最後好像沒有誰真的去做化工（當然，更大的可能是那些人變成真正的地球人，而沒被我們發現）。

不過，**馮紐曼在蘇黎世理工學院曾留下一項紀錄：實驗室玻璃器皿的賠償紀錄**。原因大概是他太珍惜自己的時間，腦袋經常保持多工思考，以至於做實驗的時候總是心不在焉（必須多說一句：危險動作，請勿模仿）。

馮紐曼的這種習慣，甚至還延伸到他開車的時候——他簡直是危險駕駛的典型，一邊開車，一邊分神思考問題，有時候還會在方向盤前放本書。幸好，當時汽車還算是罕見，路上不會遇到太多車。不過即便如此，糟糕的駕駛習慣還是帶來了不幸：有一次，他開著車撞到樹上，馮紐曼寶貴的大腦毫髮無傷，但他美麗的太太撞斷了鼻梁，夫妻倆沒多久就離婚了，這是後話。

在蘇黎世，化工專業的馮紐曼還有一個兼職，就是在數學教授偶爾外出時，幫他代（數學系的）數學課。同時代課的另一位數學教授，講過一個故事：他在講課時提出一個問題，告訴同學們「這個問題還沒有得到解決」；然而，就在快下課時，馮紐曼走上講臺，解決了這個問題。

早在馮紐曼拿到數學博士學位之前，甚至應該說，**早在上大學之前，他就已經是一名出色的數學**

家了。

毋庸置疑，馮紐曼是個神童，而且是個異常幸運的神童。一方面家庭氣氛輕鬆，從沒給他施加過必須成為天才的壓力，而富裕的家境也讓他能夠接受最好的教育；另一方面，當時匈牙利的教育制度太適合他了，根據傳統，當一名中學教師發現自己班上的某個孩子天賦異稟，立刻就會把他引薦給合適的大學教授，實行因材施教的培養。這種制度可能無益於提高整個民族教育程度，卻能成就天才與大師。甚至，當初看來有些陳舊而無用的科目，也在後來被證明發揮很大的功用：按照馮紐曼自己的說法，拉丁文極其嚴謹而富邏輯性的文法，對他後來用數位編碼電腦時起了很大幫助。

許多神童因為少年得志，有時容易顯得咄咄逼人，但馮紐曼從不會這樣。這大概是因為他不願意把時間浪費在磨練人際關係的技巧上，乾脆盡量迴避一切衝突。他的招牌對策是一旦覺得氣氛不佳，就扯開話題講黃色笑話，而且英語、德語和法語三種語言切換自如，講黃色笑話的本領簡直和他的數學才能相當。

此外，他還修練了一門關閉耳朵的絕技，只要對講座的內容不感興趣，就能一邊思考自己的事，還一邊顯出一副正在認真聆聽的模樣。這項絕技幾乎沒被人識破，直到有一次他「禮貌而全神貫注的」在空蕩蕩大教室裡坐了半天，才被同事揭穿。而相對的，就算明知演講人講的東西毫無價值，他也不會站起來踢館、為難對方，頂多表示「這是真理的拓撲學版本」——這句充滿數學內涵的話，翻譯成一般人能理解的語言，其實只有兩個字：瞎說（按：拓撲學為數學中的一個學科，主要研究空間內，在連續變化下維持不變的性質，其中最有名的研究物件為莫比烏斯帶〔只有一個面和一條邊界的曲面〕）。

不過，馮紐曼也曾破天荒踢別人的館，但那是因為他被戳到逆鱗（按：原指龍喉下倒生的鱗片，稍微碰觸，龍便會大怒。後用來指稱人在意的事情或弱點）。有位來訪的教授對著大家說，如果想知道學生的程度，最簡單的辦法就是提出一個明知無解的問題去刁難他，假如這個學生立刻回答：「這個問題無解。」就還算是可造之才。如果學生反應遲鈍，那就直接當掉他。這種策略顯然有違馮紐曼一貫的做人原則，所以，當這位教授得意洋洋舉出一道他常用的「無解問題」，推薦給大家的時候，馮紐曼露出他那招牌的放空表情，盯著天花板喃喃自語幾分鐘，起身就把這問題的解寫到黑板上。

這種堪稱人形電腦的心算能力，好像是「火星人」的種族天賦，不只馮紐曼擁有，但他是其中最出名的。特別是後來他被軍方當作疑難雜症解決機，忙得腳不點地，他的一天硬是被拆成四十八個小時來用。當時，隨便哪個地方的科學團體，一聽說馮紐曼要來拜訪，首要的準備都是把遇到的高等數學問題整理出來。

比方說，有次蘭德公司（按：RAND Corporation，為美國的一所智庫，成立之初是為美國軍方服務，後來組織擴長，也為其他政府單位或團體提供服務）遇到一個他們內部電腦沒辦法處理的數學問題，於是派了一個科學家來諮詢馮紐曼，想知道馮紐曼這邊的電腦有沒有辦法解決。他後來回憶，他在黑板上連寫帶畫折騰兩個小時，才把他們的問題解釋清楚，隨後只見馮紐曼雙目無神放空了兩、三分鐘。等到他再開口說話時，說的已經是「先生們，不用電腦，答案我有了」。

又例如有一次，馮紐曼和泰勒一起搭小飛機，從洛斯阿拉莫斯國家實驗室[27]（Los Alamos National Laboratory）前往火車站。當時人有點多，他們兩人坐上第二架飛機。飛行途中，前面那架飛機上，有條圍巾從窗口飛了出來，大家立刻緊張起來，萬一圍巾捲進後面飛機的螺旋槳，就會導致飛機失事。幸好，兩架飛機最終都平安無事的降落。機上的這兩位火星人很認真的討論問題，完全沒注意到這條在空中飛舞的圍巾。人們馬上把剛才的驚險事件告訴馮紐曼，他不過稍微回憶一下當時的高度和速度，就當場報出圍巾撞上螺旋槳的概率，安慰大家說剛才根本不必擔心。事後經過電腦驗證，他說的概率完全正確。

不過，關於這位火星人，最著名的故事還是「蒼蠅問題」。這其實是一道腦筋急轉彎，凡是不幸（或有幸，端看你喜不喜歡）上過奧林匹亞數學班的讀者，鐵定遇過這道題目，但數字可能略有不同：A、B 兩地相距三萬兩千公尺，甲、乙兩個人騎著自行車各自從 A、B 兩地出

27 美國承擔核武器設計工作的國家實驗室之一，成立於曼哈頓計畫（二戰期間研發核子武器的軍事計畫）期間。

發，以每小時一萬六千公尺的速度相向而行，有一隻蒼蠅以每小時兩萬四千公尺的速度，在兩輛自行車之間不斷往返，試問它被自行車前輪擠扁之前，一共飛行多少距離？

很顯然，反正蒼蠅一直以等速飛行，只要算它一共飛了多久，也就是甲和乙兩個人需要多久才能相遇，就能知道這道題的答案。不過有意思的是，數學家們往往會掉進描述的陷阱，去計算蒼蠅每一段往返的距離，再把它們加起來。把這個問題拿去考馮紐曼的人，大概也期待他出現這種反應，不過馮紐曼站在那裡，手裡端著酒杯（當時是雞尾酒會上的閒聊），把身體的重心從左腳換到右腳，再從右腳換到左腳，隨後就報出答案：「兩萬四千公尺。」

出題的人難免失望，覺得「你一定聽說過那個偷懶的解法」。結果得到馮紐曼一臉納悶：「什麼解法？我只是做了一個無窮數列的加法而已呀。」

火星人來過地球，把最欠缺才華的人留在匈牙利

馮紐曼是最早一批來到美國的匈牙利天才之一。一九三三年，普林斯頓高等研究院（Institute for Advanced Study，簡稱ＩＡＳ）向他發出邀請。這所研究院的初衷，是以高薪僱用少數幾位最菁英的教授，讓他們不用把時間花在各種行政的繁文縟節和教學任務上，從而有充足的時間思考和研究。

第一批教授的年薪是一萬至一萬六千美元，這在當時可是一筆大錢，而全世界的教授對這份薪水的反應，大致如此：「這個小研究院既沒有傳統，也沒有基礎，根本只是一個誘惑極少數執著於錢財的學者，走進學術生涯死胡同的養老院嘛！什麼？一萬美元？它還沒有實驗室？不必帶學生？……這種職位，我只想說一句話：請務必考慮我！」

不過，當時的普林斯頓研究院只考慮寥寥幾個人選，馮紐曼接受了年薪一萬美元的邀請，提出的附帶條件是研究院要聘請他的朋友尤金．維格納（按：Eugene Wigner，物理學家，出生於布達佩斯，後申請美國國籍）為兼職教授。幾個月後，他申請加入美國國籍，隨後許多匈牙利科學家也提出同樣的申請。這是因為希特勒提出一項令人匪夷所思的法令——作為國家機構的大學裡，文職人員必須是所謂的雅利安人（按：納粹稱呼優等民族為雅利安人，並對其他民族施行歧視、征服和滅絕策略）後裔，其他族裔的人員一律不予接受。

這種種族歧視毫無道理，所謂「金髮碧眼才是雅利安人」，只是野心家為了種族清洗編造的藉口。當時，大概有一千六百名傑出人才因此失去工作，其中十幾位後來在一九四五年參與原子彈的研製，在這之中就有四位「匈牙利的火星人」，他們原本是因為動亂，而從匈牙利來到德國避難，卻又被希特勒趕去美國：約翰．馮紐曼、尤金．維格納、愛德華．泰勒和利奧．西拉德（Leó Szilárd）。不過這四位火星人的個性，可完全是兩個極端，馮紐曼和維格納溫和厚道，泰勒和西拉德則特別擅長得罪人，尤其是西拉德，據說他擅長得罪人的程度，是「任何一個老闆都會解僱他」。

說起來西拉德可真是一位奇人[28]，他是愛因斯坦最得意的學生，提出核連鎖反應（按：指發生一個核反應，觸動周邊其他的核反應以指數形式增長），和費米一起建立世界上第一個原子反應堆，卻是一個徹頭徹尾的和平主義者。首先寫信給美國總統，呼籲必須搶在希特勒之前研製出原子彈的是他；後來強烈建議原子彈只能作為威懾和演示，並試圖阻止實際使用的也是他。在廣島核爆之後，他心灰意冷，轉頭去生物學領域。他永遠比別人超前，不是一步，而是兩步，所以顯得不合時宜。因發現DNA的雙螺旋結構而獲得諾貝爾獎的華生認為，西拉德才是史上最聰明的人。

「火星人」這個說法，據說最早也是西拉德說的，那是對費米的回答——費米曾經認真思考過關於外星人的問題，認為銀河系裡幾乎是必然存在高等文明：「如果真的是這樣，他們一定早就登陸地球了，他們在哪裡？」西拉德回答他：「他們自稱匈牙利人。」

西拉德在研究之餘，還寫了不少科幻小說，其中有個故事是這樣的：一艘來自火星的

▲利奧・西拉德，此圖約攝於1960年前後。

飛船，在一九〇〇年左右登陸布達佩斯，不久之後又離開了地球。但是由於超載，只好把其中最缺乏才華的一些人留在匈牙利。

這些被留在地球上的火星人，後來各自選擇不同的生活方式。有的人定居某個國家，並為這個國家的安全和利益而努力，哪怕必須為此發動戰爭也在所不惜（泰勒是這一類）；有的人關心全體人類，致力於拯救地球（西拉德是這一類）；還有的人居無定所，從來不在同一個地方逗留超過一個星期，不需要世俗的物質生活，也不關心，居住在數字的世界，其他的一切對他來說都沒有意義。

明天繼續討論這個數學問題……如果我還活著的話

最後這位「火星人」，入境隨俗的有個地球名字，叫作艾狄胥．帕爾（一九一三—一九九六年）。他是史上發表論文最多的數學家，居無定所又仗義疏財，是一位熱愛咖啡和非法

28 據說，西拉德還有一個怪癖，就是上完廁所不沖水。但似乎是因為這一點，他的朋友、發明家喬治．克萊因（George Johann Klein）才發現他罹患膀胱癌。

提神小藥丸的怪才。

艾狄胥好像從來沒學會像一個真正的地球人那樣生活，不管是作息、飲食還是溝通技巧。他常常會在半夜三點打電話跟人討論數學問題，原因是「這個時間你一定在家」（還真是讓人難以反駁）；他會把番茄汁灑得到處都是，讓廚房看起來像是凶案現場，只因為他不知道已開過的盒裝果汁不能橫放；他十一歲才學著自己繫鞋帶，在餐廳裡模仿同學的動作，替麵包抹上奶油，「幸好還不是太難學」；他一輩子身無長物，口袋裡往往只有幾塊錢，全部的財產就是隨身小手提箱，但他的貼身衣物全都是真絲，因為皮膚敏感。可是，即便他到處蹭住蹭吃，給朋友惹麻煩，把別人的作息和日常生活攪得一團糟，但誰都不討厭他。

和馮紐曼一樣，艾狄胥也有驚人的心算能力，從三歲起，他就在家裡的訪客面前表演四位數乘法「作為消遣」。不過，他的計算能力和馮紐曼又有不同，後者的迅速是因為腦子裡裝滿各種代數表達方式，彷彿一臺裝載軟體的電腦。這種層次分明的大腦所付出的代價，是在特別擅長拓展概念、記憶文字和運算數學的同時，損失影像記憶的能力——近乎全知全能的馮紐曼，是一個記憶力超群的臉盲症患者。

而艾狄胥計算迅速，純粹是因為他對數位無比的親近和敏感，一切資訊，不論圖像、文章或事件，只要和數學有關，都井井有條的儲存在他的大腦裡（他不擅長的是記名字）。艾狄胥可以在交談中，隨口指出對方正試圖證明的某個結論，已經發表在某年某個名不見經傳的雜誌上；

也可以在見到一位同行後，立即開始兩年前中斷的（關於數學的）談話。

這種記憶力在與數學相關的一切事情上有效，不過對他來說，一切事情也大多恰好與數學相關，比如他最好的兩位朋友（也是一對數學家）的婚禮，「我記得婚禮那一天，正好是我聽說有人部分證明了哥德巴赫猜想[29]的第二天。」**數學就是這位人形超級電腦的伺服器索引，象徵和指導著整個世界。**

艾狄胥有個口頭禪：「我年紀大了。」考量他活到八十三歲，直到一九九六年才離開人世，喜歡這麼說似乎無可厚非，不過，他把這話掛在嘴上時，甚至還沒真正成年！一個三歲就能心算出一個人一輩子活多少秒的人，他對時間流逝的感受，大概和我們確實是不一樣的。

艾狄胥十七歲開始發表論文，一生的論文、專著和文章接近一千五百篇，每年還有幾千封數學通信，寫過的字數比無所不寫的羅素還要多。寫到他真的「年紀大了」的時候——五十多歲時，他在自己名字前加了幾個字母：PGOM，意思是「可憐的偉大老人」；六十歲時又加上兩

29 一七四二年六月七日，普魯士數學家克利斯蒂安．哥德巴赫（Christian Goldbach）在寫給瑞士數學家李昂哈德．歐拉（Leonhard Euler）的信中，提出以下的猜想：任一大於二的整數，都可以寫成三個質數之和。後來，歐拉又提出這一猜想的另一版本：任一大於二的偶數，都可以寫成兩個質數之和。歐拉將此猜想視為定理，但是無法證明，因而成為數論中存在最久的未解問題之一。前面所述為關於偶數的哥德巴赫猜想，如果這一猜想是對的，那麼關於奇數的哥德巴赫猜想也必是對的：任何一個大於五的奇數，都可以寫成三個質數之和。

個字母，變成「可憐的偉大老人、活死人」；六十五歲時再添上兩個字母，代表「考古發現」；七十歲時加上「法定的死人」；到了七十五歲時，這串漫長的字母變成「可憐的偉大老人、活死人、考古發現、法定的和屈指可數的死人」。即便當時他仍然是世界上最多產的數學家之一，在全世界飛來飛去，到處和數學家討論問題，但他開始喜歡用這樣的話來結束一天的工作：**「我們明天繼續討論……如果到時候我還活著的話。」**

對一個在四歲時就意識到自己會死的小男孩來說，隨後的這八十年可真是漫長。但是，大概正是這種面對死亡的緊迫感，讓他變成一個超級工作狂，平均每天只睡三個鐘頭，清醒的絕大部分時間都用在思考之上。艾狄胥特別喜歡把數學家比喻成「這邊喝進黑咖啡，那邊吐出定理的一臺機器」，他每天喝下的咖啡足以讓一個正常人心臟病發作。

艾狄胥非常珍惜時間，甚至到這樣的地步：晚年時，他有一隻眼睛快要失明了，在朋友們的幫助下，他好不容易等到一個可以移植的角膜，可是他對手術的安排非常不滿意，因為手術期間他居然不能用另一隻好的眼睛讀東西！這大概是有史以來第一次，患者和醫生因為這樣的原因陷入僵持。而最後，不得不讓步的卻是醫院，醫生打電話給最近的大學——孟菲斯大學（University of Memphis）數學系，請他們火速派一位數學教授過來，以便在手術期間與艾狄胥討論問題。數學系立刻答應這一請求，手術才得以進行。

不論任何醫院，像艾狄胥這樣的病人大概都是一場最大的噩夢：即使是在病房，也有數學家們排隊進進出出。病房裡通常有三個小組，一組人講英語，一組人講德語，一組人講匈牙利語，躺在病床上的那個傢伙則同時和這三組人討論數學問題，在問題和語言之間無縫切換。醫生查房時甚至還會被他轟出去：「我正忙著呢！」這種無視現實的態度，跟他的同胞馮紐曼可真是天壤之別。這之間的差異，大概因為一個是純粹的數學家，而另一個是應用數學乃至物理學家。

關於這兩者之間的差別，有美國數學學會大會上的一個場面為證：

那是艾狄胥去世後的第一個冬天，召開會議的大樓裡還貼著他的訃告。他幫自己擬的墓誌銘是「我終於不會越變越蠢了」。在不同的房間裡，各個數學家做著不同主題的報告。休息時間到了，人們魚貫而出，來到盛放飲料的大桶子邊。桌子上有一大一小兩個飲料桶，和兩個標籤：「含咖啡因」和「不含咖啡因」，但是標籤被弄掉了，不知道它們各自對應的是哪個桶子。數學家們陷入思考，第一位拿了杯子，從兩桶裡各取了半杯飲料，這是博弈論的解法；第二位則隨便從一隻桶裡倒了四分之一杯，並宣布：「非對稱解。反正我只需要喝一小口，不管有沒有咖啡因都無所謂。」

這時，旁邊的物理學家開口了：「這很明顯，需要咖啡因的人比不需要的人多，所以大桶裡的飲料一定是含咖啡因的，不是嗎？」

你是數學家，還是物理學家呢？

第三章

日常生活中，他們總有地方跟正常人不一樣

01 享受努力的過程，名利錢財自會跟著來

天才也是人，有自己的生活，只不過他們的生活重心可能與我們不同，關注的事物也不一樣。不少科學家都有視名利如浮雲的氣質，對他們來說，除了工作之外一切都不重要。不過，如果仔細探究，又可以再把他們細分為兩類，一類是不關心名利，另一類則是不需要關心名利。

君子愛財，取之有道：不申請專利的居禮夫婦

有的人選擇不把工作成果據為己有，是因為他們認為這些發現是全人類的財富。例如居禮夫婦發現鐳之後，特意沒有把鐳分離法拿去申請專利。因為，當時人們很快就發現放射療法對腫瘤有奇效，如果把分離放射性元素的方法申請專利，就會讓這種療法變得非常昂貴，後續的研究也會變得很艱難。

當時，居禮夫婦其實很缺錢：他們連實驗室都沒有，過去幾年一直是在漏雨的破棚子裡做實驗；他們也請不起技師和工人，連翻礦渣這種粗重工作都是瑪麗·居禮親力親為。棚子裡的溫度跟室外沒什麼分別，冬天冷得跟冰窖一樣——在巴黎，沒暖氣的冬天是非常難熬的！

皮耶·居禮（Pierre Curie）最初在學校授課，每年要完成一百二十小時的教學，外加指導實驗，月薪僅五百法郎[30]。後來，兩人添了女兒，多一筆開銷，於是皮耶換了薪水更高、當然也更忙的工作，瑪麗也在女子高等師範學校找到一份教職，兩人加起來一個月收入三千多法郎，收支勉強可以平衡。但是，後來鐳的價格是多少呢？一公克的鐳價值七十五萬法郎！不過，他們二位做決定時並沒有糾結，因為借助科學發現來謀利，對他們來說「違背科學精神」。雖然當

▲ 皮耶·居禮，此圖約攝於1906年。

▲ 瑪麗·居禮，此圖約攝於1920年。

時，他們兩位其實都已經積勞成疾（後來諾貝爾獎的七萬法郎獎金，真是雪中送炭），但不應該拿的錢，就不能拿。君子愛財，取之有道。

享受研究過程，不在意回報

有些人享受的是過程中的快樂，對於新發現能給自己帶來什麼回報不怎麼關心。例如一貫以活潑形象出現在人們心目中的理查·費曼，他學識淵博、涉獵廣泛，對什麼都興趣盎然，每秒都可以輕鬆的從一個問題轉向另一個問題。他總是非常樂意跟任何願意聽他解釋的人，分享自己的思想（正在思考的時候除外，那時他會告訴走進他辦公室的人「出去」），但是，他平生最怕的就是把發現成果寫成論文，有時非得把他反鎖到書房裡，他才肯乖乖動筆。

這原因可能有兩個：第一，按照規範的格式撰寫學術論文，讓他感到索然無味；第二，寫「符合語法的英文」實在是太不符合他的性格。其實，費曼考研究所時也差點因為英語而考不上，普林斯頓大學的研究所從沒招過英語和歷史分數這麼低的研究生。要不是物理滿分，費曼的

30 那時，法郎已經大幅貶值，跟高斯被敲詐時已不可同日而語。

博士恐怕拿不到。前面提過他在修哲學課時的煩惱，其實也跟他語文不好有關。

至於著名的《費曼物理學講義》（*The Feynman Lectures on Physics*），書裡平易又流暢的行文可不是他的功勞，而是根據他在加州理工學院（California Institute of Technology）講課時的錄音整理成文，編輯在這本書中功勞很大。如果對物理有興趣，不妨利用這套書來學習英語，一舉兩得。

此外，《費曼物理學講義》可能是全世界最受歡迎的物理學教材，在這個世界上光各種語言的盜版，應該就超過一千萬冊，不過費曼完全不介意，因為他本來就得不到任何收益。這本講義的版權屬於學校，一點都不需要他操心。

對外星人來說，地球上的貨幣沒有意義

還有些人，純粹就是對金錢沒有概念。關心它幹嘛？我有飯吃、有床睡就足夠了，反正討論數學只需要紙和鉛筆。這也沒錯，畢竟對一個「火星人」來說，地球上的貨幣有什麼意義——艾狄胥就是個根本沒有金錢概念的人，他從來留不住錢，只要拿到一點津貼或酬勞，就拿去接濟更窮困的年輕人。在路上看到無家可歸的人，他都會給對方一點錢，結果就是自己身上幾乎沒有錢。有一年，他在倫敦大學學院[31]講學，第一個月薪資剛發下來，出門時遇到乞丐向他討一杯茶錢，艾狄胥掏出口袋裡的錢看了看，只留下一個月的生活費，剩下的一股腦兒都給了這個乞丐。

此外，凡是他聽說一件覺得有意義的事，就會寄點錢給對方。知道哪裡有喜愛數學的年輕人付不出學費，他也是能幫就幫。艾狄胥這輩子手裡拿過的最大一筆錢，是七百二十美元，不過這筆錢原本是五萬，那是他獲得的沃爾夫獎（按：獎勵對推動人類科學與藝術文明有傑出貢獻的人士，每年評選一次，分別獎勵在農業、化學、數學、醫藥和物理領域，或藝術領域的建築、音樂、繪畫、雕塑四項之中，取得傑出成績的人士）獎金，不過他轉手就捐給以他父母名義設立的獎學金，只留給自己幾百塊。反正他沒有不動產，也沒有真正意義上的家，拎著箱子到處漂泊，箱子裡除了手稿之外，沒有半樣值錢的東西。

名氣到達極致，再更有名也沒什麼意義

有些人不需要關心名利，是因為他早就太有名了。比如沃夫岡・包立，不少人認為他是有史以來最聰明的物理學家（雖然他的聰明和他所做出的成就，可能有些不成正比），但他就是個

31 University College London，創建於一八二六年，與牛津大學、劍橋大學、倫敦帝國學院和倫敦政治經濟學院，並稱為Ｇ５超級菁英大學（the G5 super elite），同時也是金三角名校（位於英國牛津、劍橋、倫敦三個城市的頂尖研究型大學，共有六所學校，即Ｇ５以外，再加上倫敦國王學院）。

對名利不在意的人：名氣有邊際效應，到達一定程度之後再增加也沒什麼意思。包立少年得志，差不多二十歲就名滿天下，走到哪裡大家都得認真聽他的意見，名氣早就到最高點了。

如果科學也有血統的話，就「科學血統」而言，身為物理學家的包立堪稱是最純血的貴族。他的中間名「恩斯特」來自他的教父，物理學家恩斯特·馬赫（Ernst Mach）；他的中學同班同學裡，有一位諾貝爾獎得主：一九三八年獲得諾貝爾化學獎的里夏德·庫恩（Richard Kuhn）；大學同學裡，也有諾貝爾獎得主，就是大名鼎鼎的海森堡。他的博士班老師，是量子力學始祖之一的阿諾·索末菲；畢業之後，他去哥廷根大學（Georg-August-Universität Göttingen）工作了一年，老闆是理論物理學家馬克斯·玻恩。

後來，包立到哥本哈根，當時的理論物理研究所，簡直是一流物理學家的量產工廠，號稱是「物理學界的聖地」。以尼爾斯·波耳為首，著名的「哥本哈根學派」包括玻恩、海森堡、約爾當、包立、萊昂·羅森菲爾德（按：Léon Rosenfeld，比利時物理學家）、列夫·朗道（按：Lev Landau，前蘇聯物理學家）；此外，還包括不在哥本哈根，但在學術上一脈相承的狄拉克、德布羅意、彼得·德拜（按：Peter Debye，荷蘭物理學家）等人。

題外話，每次看到這串名字時，我都會想起這個故事：傳說，蘇洵和王安石有次相聚小酌，多喝了幾杯之後，王安石就開始吹噓自家兒子過目不忘的能力，讀書只要讀一遍就能倒背如流。蘇洵顯然也喝多了，隨口就回應一句：「誰家兒子讀書需要讀兩遍！」當年，哥本哈根的星光熠熠，跟蘇家那對兒子差不多，一言以蔽之：誰沒拿過諾貝爾獎！

不過，天才和天才之間也是有差別的。按照後來玻恩的說法，包立算是所有物理學家裡最聰明的一個，他甚至認為包立比愛因斯坦還要有天賦；當然，他也承認包立不可能像愛因斯坦那麼偉大。包立最傑出的天賦，是他無與倫比的洞察力。比如當年剛和海森堡認識時，海森堡想要做相對論方面的工作，包立就告訴他：「相對論近期沒什麼進展的可能性，但原子物理方面倒是大有機會。」後來，他們的確在原子物理學上大有斬獲。

大概是因為如此，海森堡一直對這個好朋友言聽計從，後來養成了習慣，只要有什麼新發現，就寫信給包立。包立和海森堡這對好朋友的相處模式，基本上是這樣：海森堡有了什麼新想法，就寫信告訴包立。倘若包立覺得值得研究，他就繼續研究下去；要是包立潑了冷水，海森堡就放手。

在網路時代之前的歐洲，知識分子之間的交流主要是靠書信。不過，和我們的印象可能有所不同，那個時代的書信往來其實很快，不管身處歐洲的哪一個角落，只要憑藉通信和雜誌，就能保證自己獲得最新的相關領域研究資訊。甚至從伽利略那個時代（按：約十六世紀下半葉至十七世紀）起就是如此，伽利略利用信件，和當時歐洲的知識分子保持聯繫，並且能夠立刻獲悉最新的發現。

相比現在，透過網路獲取資訊更方便快速，但人的精力並不足以應付如此海量資訊的轟

炸，過量資訊其實毫無意義，反而還需要花費更多時間和精力來判斷和篩選。從這個意義上來說，一九二〇至一九三〇年代的訊息量和傳遞速度，也許恰好處於平衡，讓這些頂尖研究者們都能獲取足夠的最新資訊。翻翻那個時代科學家的書信集，現代人應該會驚訝於他們通信頻繁、信件中言之有物。多少偉大的理論，就是這樣在一封封書信裡漸漸琢磨成形；當然也有許多理論，埋沒在卷帙浩繁的故紙堆中，沒能拿出來發表。

包立就經常這樣，靈感和想法只在信件裡隨便一提，對方是繼續研究也好，看過不理也好，都不關他的事。假如後來對方做出成果，功勞有沒有被算到自己名下，他更是漠不關心。對他來說，在提出這些想法時，已經享受到樂趣，至於後續如何，反正該出現的理論出現了，其他事情都不重要。比方說，不確定性原理首先出現在包立寫給海森堡的信裡；關於矩陣力學和波動力學的等價性證明，寫在他給約爾當的信裡。至於還有多少未曾發表的理論，遺留在私人信件裡，恐怕只有包立本人才知道了。

有錢做研究就好，論文、名聲不重要

另外還有些人不關心名利，可能是因為錢已經多到花不完了。

雖然我們老是聽到科學家懷才不遇、窮困潦倒的故事，而如果在網路上報導看到這些學者、研究員穿名牌、開好車，說不定還會引起一番討論，但是天才和窮這兩個詞，絕不是天生就並存。按照心理學家的說法，人類之所以會產生對事物的刻板印象，是大腦為了節省認知資源而進化出的功能。所以，我們才會一看到胖子，就聯想到懶惰；一看到美人，就聯想到無腦；一看到富二代就認為不學無術，好像智慧和財富絕對不可能兼得。事實上，科學研究非常花錢，要是自己家很有錢，肯定是比沒錢的人更有條件接觸科學！

如果把歷史上的科學大師，按照財富多寡排序，高居榜首的多半是亨利．卡文迪許（Henry Cavendish，一七三一—一八一〇年）。你問我怎麼判定一個人是不是大師？有個最簡單的辦法，翻開數學、物理、化學教科書，出現過的人名都列入名單。卡文迪許的研究，都是精密的工作：測量空氣的成分、測量地球的密度、測量萬有引力常數等，而且這些都是在兩百多年前的實驗條件下完成，他做出來的精確度驚人，更重要的是既邁出認識世界的重要一步，又沒有給後世中小學生添太多麻煩，這是何等的境界！

卡文迪許是位真貴族。英國人喜歡用「藍血」來形容貴族血統，他的血如果流出來，恐怕藍得跟外星人差不多：他的傳記作者在書的一開頭，先用了整整

▲亨利．卡文迪許的畫像與簽名。

十四頁詳細分析他家從十四世紀開始的家譜。亨利．卡文迪許的祖父是德文郡公爵，外祖父是肯特公爵，雖然他本人沒有爵位，但英語裡提到他時，永遠會在前面加一個「Hon.」頭銜，大致相當於「閣下」的尊稱。法國人評價他是「科學家裡最有錢的，有錢人裡最懂科學的」。有鑑於法蘭西科學院跟英國皇家學會之間長期爭執，法國人嘴裡說出任何英國人的好話，都值得不打折扣的相信。

卡文迪許有錢到什麼程度呢？一八一〇年他去世時，身後留下了長期資產七十萬英鎊，不動產投資回報每年八千英鎊，存款五萬英鎊。他做各種實驗、買各種儀器，從來不需擔心開銷，光是這一點大概就能讓九〇%的實驗室羨慕到五體投地。

卡文迪許深居簡出、沉默寡言，由於他不願意在皇家學會上當眾宣讀論文，因此連論文也懶得發表了。反正，他有錢做研究就好，名聲不重要。

論文也好、獎金也罷，數學以外的事都沒有意義

最後還有一類人，倒不是真的和名利絕緣，只是對於以金錢來代表認可的方式非常不認同，於是乾脆拒絕接受獎金。至於採訪，這個世界上能夠明白他研究的人不超過兩位數，其中絕對不包括任何的記者，既然如此，跟記者做無聊又無效的交流，純粹就是浪費他寶貴的時間。

說起來，數學界真是從古至今都不缺古怪而偉大的天才兒童。和一生合作夥伴遍天下、最喜歡到處幫助後輩、跟四百多個人合作過論文的「數學伯樂」艾狄胥相比，俄羅斯數學家格里戈里．裴瑞爾曼（Grigori Perelman，出生於一九六六年，當時仍為蘇聯）簡直就是位於人際光譜另一端的「數學隱士」。

裴瑞爾曼的母親原本也是位很有天分的數學家，因為結婚生子而沒有繼續深造。她發現自己的兒子很有數學天分，就幫他找了一位合適的教練（在蘇聯遺留的體系裡，競賽數學跟競技體育很相似，也有教練、俱樂部、專門的學校、賽季和比賽）。蘇聯對於競賽數學的培養體制很完備，這一點也不奇怪，因為數學奧林匹亞其實就是從這裡發端。總之，裴瑞爾曼的教練非常傳奇，他當時還只是初出茅廬，但接下來的二十年裡，他的學生獲得了四十多面國際數學奧林匹亞競賽的金牌——第一面金牌，當然就是裴瑞爾曼獲得，同時他還創下史上最年輕滿分紀錄。

回憶起這位最獨一無二的學生，教練印象最深的除了天賦之外，還有他對數學極端的認真：有一次參加選拔賽，當時的規則是選手解出一道題後，舉手告訴裁判，兩個裁判帶著他到另一個房間單獨聽他的解答，評斷他的解題，接著選手回到考場繼續答題。裴瑞爾曼向裁判說明一道題目的解法，裁判告訴他沒錯，正準備要離開的時候，被他一把抓住了。

「等一下！這個問題還有另外三個可能的結果！」

這種極端的認真影響他一生。一方面，這促成他對數學的絕對專注和精確——數學家們對他最驚訝的一件事，並不是裴瑞爾曼解決了為難大家上百年的龐加萊猜想[32]難題，而是「裴瑞爾曼從不犯錯」。他不提供半成品和贗品的解答，從數學競賽選手時代起就是如此。當然，**由於對數學的專注，他也不會把注意力放在任何被他判斷為「對數學沒有幫助」的事物上**，這些事物包括但不限於洗澡、理髮、剪指甲、美食和戀愛。這些都讓世人把他看成是怪胎，不過沒關係，反正他從來沒有關心過世人的看法，因為他們和數學沒有關係。

另一方面，絕對的專注和精確也導致絕對的誠實。他不開口則已，一旦發表意見，必定會給出全部的準確資訊。他不但自己嚴格遵守這條法則，還要求同行也遵守。但遺憾的是，很少人能像他一樣，在現實世界和數學世界中一樣絕對純粹。即便是數學家，他們絕大多數人也有許多分心的事情：職位、名譽、家庭、財產，以及一些業餘愛好，偶爾還會有一些爭名奪利和互相猜忌，或是耽於享受和故步自封。畢竟，大家都活在現實世界。

裴瑞爾曼對這一切感到失望，當他覺得數學界已經失去自己所期待的簡單和純粹之後，就乾脆的遠離這個地方。一九九六年，歐洲數學學會打算頒發給他「傑出數學家」獎，被他直接拒絕了，因為他認為從數學上來看，評審團中沒人有資格評價他的研究成果，所以這個獎根本沒有意義。對數學家來說，數學本身就是最高的認可，其他一切有什麼意義？

基於同樣的理由，在裴瑞爾曼看來，數學期刊的存在也顯得多餘。反正他也不需要核心期刊發表數、引用數等資料來提升名氣或職稱，他的生活很簡單，一個月生活費也就一百多美元，光靠積蓄就足夠（他在美國讀博士後的期間，存下幾萬美元的津貼）。從數學本身的角度出發，一篇文章的價值並不在於它出現在哪裡；而且，裴瑞爾曼也不覺得編輯和審稿人有資格評價他的成果。

二〇〇二年，裴瑞爾曼選擇直接在網站上連續貼出三篇文章，並寄出一封電子郵件給大約十二名數學家，告訴他們網址。這真是酷到無極限的舉動，因為這三篇文章，證明的可是龐加萊猜想！是困擾了整個數學界上百年的難題！即便是對裴瑞爾曼來說，這也是整整七年的工作成果，就被他輕描淡寫的以「請允許我提醒您，關注我在某網站上發表的論文」一筆帶過。這就是裴瑞爾曼的風格：只提供全部的有效資訊，其他諸如喜悅、榮譽、驕傲，或別人心裡的羨慕、嫉妒，都是數學以外的東西，都不重要。接下來，二〇〇六年菲爾茲獎（陶哲軒也是在這一年獲獎）和千禧年大獎難題[33]的獎金也是同樣道理，和數學比起來它們根本不重要，所以沒有接受的

---

32 一九〇四年，法國數學家亨利．龐加萊在他的論文中，提出一個拓撲學的猜想：任一單連通的、封閉的三維流形與三維球面同胚（把物體持續延展和彎曲，使其成為一個新的物體）。簡單的說，一個封閉的三維流形，就是沒有邊界的三維空間；單連通就是這個空間中，每條封閉的曲線都可以持續收縮成一點。二〇〇六年，該猜想確認由裴瑞爾曼完成最終證明，他因此而獲得同年的菲爾茲獎，但他並未現身領獎。

33 二〇〇〇年五月二十四日，美國克雷數學研究所（Clay Mathematics Institute）公布七個千禧年大獎難題（Millennium Prize Problems），並訂下規則：如果有人將這些難題的解答，發表在數學期刊上，並經過各方驗證，只要通過兩年驗證期，每破解一題的解答者，會頒發獎金一百萬美元。迄今只有龐加萊猜想獲得證實。

必要。

一直到今天，裴瑞爾曼還過著他數學隱士的生活，不知道他下一個選擇攻克的難題又是什麼。他現在和母親一起隱居，每週出門買一次最便宜的黑麵包、優酪乳和水果，每次差不多都穿同一件外套。不是沒有狗仔守在商店外面，等著偷拍或採訪他，而是他們對一個年年如一日的人也沒辦法，不論拍多少次，看起來都是同一天。

也許，這就是這位全世界思路最快的數學家，對付記者的獨特祕訣也說不定呢！

02 能力強的人都有一些奇怪的癖好

一提起怪癖，英國的科學家們好像總獨占鰲頭（這節專談地球人，火星人們不包括在內）。大概是因為英國人有極度冷靜、嚴謹又精確的個性，發展過頭之後就顯得有點古怪？總之，說到這個話題，首先不能錯過的就是英國（很可能也是全世界）的頭號天才——艾薩克・牛頓（一六四三—一七二七年），不管是比智慧、戰鬥力還是古怪程度，他都絕對不會輸的。

作為一名世界頂級的科學家，牛頓當然有值得引以為傲的專注力。這份專注力有時會無法控制，以至於他早上起床、掀開被子的瞬間，突然想到一個問題，整個人就沉浸到精神世界中，放棄對肉身的關注，保持一隻腳在被子裡、另一隻腳在被子外的姿勢，一動也不動呆坐好幾個鐘頭，直到身體抽筋，提醒他脖子以下的部分並非不存在為止。

牛頓還曾做過一件讓人覺得毛骨悚然的事。有一次，他拿了一根縫皮革用的長針，插進自己的眼窩（也有人說是匕首。別替他擔心有沒有消毒了，那時根本沒有這個概念），接著「在眼睛和盡可能接近眼睛後部的骨頭之間」揉來揉去，只是為了看看隨著眼球的曲率（按：描述幾何體彎曲程度的量）變化，會有什麼事發生。幸好，最後什麼事都沒發生，要不然現代科學的出現不知道要延遲多少年，我們的教科書說不定會變薄許多！

理科人懷疑上帝很合理？哈代還跟上帝作對

說到怪癖，不是只有壞脾氣的人才會發展出來，也有非常古怪的完美紳士，比如拉馬努金的恩師哈代。單看他對拉馬努金的態度，就知道哈代做人厚道：當時，收到拉馬努金信件的不只他一個人，但只有他認真對待這位陌生青年的才華。哈代的同事們對他多有盛讚，甚至連遙遠的同行也一樣：一戰期間，遠在哥廷根的希爾伯特聽說三一學院提供給哈代的住所不好，當時英國和德國是敵對雙方，不過希爾伯特斟酌很久之後，還是寫信給劍橋，提醒院長說哈代是英國最好的數學家，學院應該給他最好的房間才對。

一個人的人緣這麼好，人品自然不用說。前面提到拉馬努金「計程車數」的傳說，要不是一向絕無妄言的哈代作為人證，真的很難令人相信。不過，雖然哈代的學問和人品都無可挑剔，卻也有幾項怪癖。哈代的第一個怪癖，就是討厭照鏡子。

別誤會，身為一位完美紳士，哈代的相貌絕對比大多數人都要好看。而且，他相當喜愛運動，一直保持著鍛鍊的習慣，體格和身材也都很好。但他不知為何，就是一個徹頭徹尾的反自戀者，無比堅定相信自己容顏醜陋。這很不可思議，因為哈代的審美能力絕對是頂尖，同事評價他「做的每一件事都優雅，都井井有條、有格調」。他一生中的大部分時間都保持著異常年輕的相貌，直到年近花甲時，看起來還像是三十多歲，這明明是令人羨慕的事，可是他偏偏就是討厭任何的鏡子——不但他家裡沒放這個東西，每次他外出、住進旅館的第一件事，就是拿毛巾把所有鏡子遮起來。討厭看到鏡子裡的自己，連帶著他也討厭照相。哈代一生中允許被拍照的次數，差不多一隻手就可以數完。

題外話，說到哈代是位紳士，還有一件特別的軼事，大概是出自老牌紳士的習慣：哈代和他長期的合作夥伴李特爾伍德，都住在劍橋的宿舍裡，兩人住所相距大約步行四十步的距離。可是這兩位有事想討論時，絕不會直接走去找對方，一定要寫信，或透過校工傳紙條。

哈代的另一件怪癖，是對一切的機械都有深刻的懷疑，覺得機械不可靠。這大概是數學家思維的體現，因為實際存在的東西難免有紕漏，在他們的價值觀裡，就不如數學證明那樣毫無瑕疵。總之，他不戴手錶，也討厭電話，而且不信任自來水筆。不過，倒是沒人描述過他是怎麼看待交通工具，不知道他有沒有坐過飛機。有次，深夜他急著找朋友，不得不打電話，他內心滿是不情願，而且為了盡量縮短通話時間，劈頭就是：「我不會等著聽你的回答，所以聽好……」對一向謙謙君子、溫良如玉的他來說，這算是非常少見的沒禮貌呢！

此外，哈代不光是懷疑機械，他還懷疑上帝。這個觀點跟艾狄胥有點相似，但在當時的劍橋算是獨樹一幟，因為一般的無神論者不信神也就罷了，**哈代並不是不相信上帝的存在，他是故意跟上帝作對**。比方說，他每天下午去網球場，都要帶上他的「反上帝電池」：幾件運動衫、一把傘、一個裝著若干數學手稿的袋子、一篇他為皇家學會審查的文章，總之就是萬一下雨能夠打發時間的東西。他的理由是這樣：上帝發現哈代預料到天氣變化，但上帝怎麼可以被預料呢？於是，就能反向保證豔陽高照，可以順利打完一場網球了。

最後，哈代可能是所有大數學家裡，唯一一位板球（按：又稱木球，由兩隊各十一人進行對抗比賽，盛行於大英國協國家，如英國、澳洲、紐西蘭等地）迷。他對板球的熱愛從小就顯現，哪怕他在一次揮拍時，不小心打瞎妹妹的一隻眼睛，也絲毫沒影響他對這項運動的感情。哈代曾就讀於英國最好的公學之一，對中學最大的怨念，就是當時沒有正規板球訓練，以至於他養成了糟糕的擊球動作，長大後也改不回來。成年之後，他每天早上工作前，會仔細閱讀一遍報紙上的板球新聞。他的朋友、經濟學家凱恩斯（John Keynes）吐槽說，要是哈代把每天研究板球的時間花在股票上，他一定早就發大財了。

不只數字要精確，用字遣詞也不能失誤

另外一位非常紳士又古怪的英國科學家，是提出進化論的查爾斯·達爾文（Charles

Darwin），他的怪癖在於數字一定要精確。達爾文非常討厭約略的數字，什麼數都要求精確。比如他在《物種起源》（*On the Origin of Species*）裡說，英格蘭南部某個地區的地質年齡是三億六百六十六萬兩千四百年；以及在他的某篇論文裡提到，英國農村每英畝的土地裡有五萬三千七百六十七條蚯蚓等。

達爾文對精確的數字有執念；保羅·狄拉克，量子力學的奠基人之一，對量子電動力學貢獻良多的理論物理學家，則是對精確的用字遣詞有著極端的要求。

狄拉克的最大特點有兩個：一是「聖徒一般的簡樸生活」，房間簡單得跟苦修士差不多，同行評價他有「物理學家中最純潔的心靈」，許多人以為他一輩子都不會結婚（但他後來娶了維格納的妹妹）；二是極端的沉默寡言，他在劍橋的同事們曾經開玩笑，把「每小時說一個詞」定義為一個「狄拉克」單位。

關於他的沉默寡言，有一段故事：一九二九年狄拉克二十七歲，那時他已經是舉世公認的天才，到美國時他接受了某週刊的採訪。當時，美國還不是世界科學的中心，記者採訪時基本上只關心八

▲保羅·狄拉克，此圖約攝於1930年。

卦，事先做了一番準備。剛開始記者熱情洋溢，但他採訪到一半大概只想逃跑，因為這位天才從頭到尾，幾乎沒說過兩個詞以上的句子：「您看過電影嗎？」「是的。」「什麼時候呢？」「一九二〇年。」

不過，狄拉克這種超級簡短又犀利的說話方式有其道理，因為他用詞實在是太講究了，廢話不要，歧義不要，不確定性過高不要，因此他寫的文章和說出口的句子，常常一個字都沒辦法刪改。他講課時，總是使用自己寫的教科書，並照著書本一個字不改的朗讀。他這麼做，學生們難免有意見，覺得這完全就是照本宣科；但狄拉克對這種意見也很有意見，因為他認為書上的文字經過自己的深思熟慮，就是最精確和完善的表達，改一個字都會變得不夠好，不「照本宣科」怎麼行？如果是其他人這麼說，一定會被認為他在瞎扯，不過狄拉克這麼一回答，同事們紛紛表示理解。

狄拉克就是這麼力求精確的人。他要求精確到什麼程度呢？舉個例子，有一次他在大學裡做報告，最後的問答環節有學生提問：「教授，您寫在右上角的這個方程式我不懂。」狄拉克點了點頭表示聽到，然後保持沉默。

一分鐘之後，主持人忍不住小心翼翼的問了一句：「教授，您能回答一下剛才那個問題嗎？」而狄拉克回答：「那不是一個問題。那是一個陳述。」

諸如此類的故事很多，有些也發生在他與其他學者的交流之中。

比方說，同樣在一九二九年，狄拉克和海森堡兩個人一起坐船去日本參加學術會議。旅途漫漫，途中海森堡快樂的參加舞會，而狄拉克默默旁觀。音樂結束，他疑惑的問海森堡：「你為什麼要跳舞？（Why do you dance?）」

海森堡快樂的回答：「因為和好女孩們跳舞是件開心的事啊！」

這回答聽起來無可辯駁，因此狄拉克也沉默了幾秒鐘，接著才開口問：「可是海森堡，你怎麼能預先知道她們是好女孩呢？（But, Heisenberg, how do you know beforehand that the girls are nice?）」因為中文是用語氣助詞，而非語序來表現疑問，所以附上狄拉克所說的這兩句英文原文，體會一下一個字都不能刪是怎樣的感覺。

至於這個問題本身，海森堡當然不能確定，而且，想必他也不覺得有必要確定。為什麼要關心漫長旅途中，一個萍水相逢的舞伴好不好呢？但他倒也不介意，畢竟英國人通常都不擅長開口寒暄，要不然他們怎麼那麼喜歡聊天氣呢？

不過，這還不算什麼。有次在某個物理學會議上，狄拉克跟當時還是後起之秀的年輕費曼坐在一起，沉默好久之後狄拉克終於開口，他用來開啟對話的句子是這樣的：「我有一個方程式。你也是嗎？」

天才們的世界，我們確實得努力學習才能理解。

偷開裝有原子彈機密文件的保險箱，起因也是怪癖

在怪癖方面，費曼也絕對不是省油的燈。不過，他的怪癖屬於熱情奔放型，跟英國人的風格完全不一樣。首先，**費曼曾做過一件誰都不得不佩服的事：他偷開過裝著原子彈機密文件的保險箱！**

那是他年輕時的事。當時，身為一名年輕的理論物理學家，費曼被徵召為國效力，參加著名的「曼哈頓計畫」，研究人類歷史上第一顆原子彈。這種武器當然是要嚴格保密的，參與人員都要經過徹底審查，在偏僻清冷的洛斯阿拉莫斯國家研究室閉關，通信也都必須在監視下進行。

但是，費曼是一個喜歡解謎的人，簡單說就是一個解題狂人，他的親人也了解他這一點，所以費曼的父親和女朋友在寫信給他時，都會使用自己編制的密碼，而且幾乎每封信都不一樣，這樣他在收到信之後，必須先解開密碼才能讀信，為他枯燥的生活增添一點趣味。

這本來是件有趣的事，但是負責審查信件的人員生氣了：「你們這樣搞，我哪知道你們都寫了什麼？我沒辦法完成我的工作！」費曼只好告訴老爸和女朋友，請他們別再寫密碼信了。可是，他沒有謎題可解實在是手癢得不得了，於是……就盯上了存放機密文件的保險箱。

無從安放的智力資源，有時會造成令人哭笑不得的後果。要是那時候魔術方塊[34]已經被發明出來（最好是高階、困難的款式），說不定這件事就不會發生了。

費曼還有另外一個奇怪的愛好：他喜歡在離家不遠的酒吧裡，霸占一間包廂喝七喜汽水，並思考物理問題。汽水是免費的，這是他送酒吧老闆一幅自己繪製的裝飾畫後換來的福利。而酒吧裡的人，也不會到他的包廂去打擾他。費曼並不是喜歡到這種地方玩樂，而是覺得酒吧環境很有趣，能讓他保持頭腦活躍。

事實上，在太太心中他絕對是非常可靠的男人。他跟第一個太太的故事，在後續章節會談到，這裡先說他跟第二位太太離婚的故事。當時，兩位其實是和平分手，但是那時候美國的風氣跟現在不一樣，離婚要經過法官的允許，就得有合理的理由。兩人商量，費曼同意對方用「嚴重傷害」作為提請離婚的理由。可是，他真的沒打過老婆啊！最後他只好在法庭上胡扯，表示自己給妻子帶來許多「精神傷害」，像是非洲打擊樂帶來的可怕雜訊、從一起床就開始計算東西的壓力等。他說：「我不光是一起床就在算，我開車的時候也算，買東西的時候也算，什麼時候都算。」瞎扯一番，兩個人成功分手。

費曼的後半生，都是在加州理工學院度過，當時的加州理工學院有兩位超級天才鎮守，一位是他，另一位是發現夸克（按：quark，一種基本粒子，是構成物質的基本單元）的默里・蓋

34　3×3×3魔術方塊在一九七四年才問世，更高階的魔術方塊則出現得更晚。

爾曼（Murray Gell-Mann）。蓋爾曼的怪癖就比較正常，是「正常」的天才會有的「正常」癖好：炫耀學識。

要「罹患」學識炫耀癖，當然，首先得有學識。這點對蓋爾曼來說完全不成問題，他基本上是屬於無所不知的百科全書類型。不管你提起什麼話題，從粒子加速器到化糞池，他都可以立刻講給你聽，從工作原理到主要規格講得一清二楚。

此外，他還「碰巧了解數百種語言的一些特點」，最大的癖好是找機會說外語，而且還必須用當地口音。所以，跟他聊天時，經常上一秒你覺得在跟一個道地的紐約客說話，下一秒他突然就改用一種英語國家的人民完全不熟悉的口型，開始說奇特的語言，讓你感覺自己瞬移到世界某個不知名角落，接著再下一秒，你又回到紐約啦。

關於蓋爾曼的口音癖，有個故事可以說明。我們都知道，美國是一個移民國家，特別是美國的博士們，大半都頂著外國名字。有一年，一個叫倫納德・姆沃迪瑙（按：Leonard Mlodinow，美國物理學家）的新同事來到加州理工學院，他跟大家打招呼，並報上自己的名字，蓋爾曼就重複一遍對方的

▲默里・蓋爾曼，攝於1965年（當時約36歲）。

名字，而且是以這個名字的主人聽不懂的發音。

他看到年輕人臉上的茫然，補充道：「這是你名字的正確發音。它原本是個俄國姓。」

接下來，他熱情的告訴對方那個姓的語源，不知道是不是還打算開講這個家族的來歷，反正這位新同事，大概在那之前就落荒而逃了。

要是我們再仔細挖掘，一定能在每個天才身上都挖出一些無傷大雅的怪癖。這並不奇怪，因為**每個人身上一定都有一、兩處與眾不同的地方，只是名人身上的特點，更容易被拿著放大鏡檢視，就顯得格外突出**。其實，我們都忘了，天才身上最大的「怪癖」，就是「他們是天才」這件事。因為對抽象事物的酷愛，可不是人類自然進化而來的心理模式。或者可以這麼說，一個社會能夠允許一部分人把精力放在抽象事物上，而不妨礙整個群體的生存，就是文明的標誌。

03

什麼職業的人，最容易患精神疾病？

瑞士劇作家弗里德里希．迪倫馬特（Friedrich Dürrenmatt）寫過一部舞臺劇《物理學家》（*The Physicists*），故事發生在一間精神病院，裡面的病人頂著牛頓、愛因斯坦、莫比烏斯之類的名字。在話劇的第一幕裡，他們以謀殺自己的護士為樂；而在第二幕又搖身一變，成為被敵國收買的間諜。這是一部抽絲剝繭又迷霧重重的懸疑劇，劇情本身非常精彩，同時，也說明了在一般人的心目中，科學家都是什麼怪誕模樣。

從一個普通人的角度來看，**多數天才都是瘋狂的，因為普通人很難理解天才們的行為目的。**被數學考試折磨得痛不欲生的人，想必不太可能知道痴迷於尋找數學原理的樂趣何在（而數學家們，已經前仆後繼了幾百年）；人生只有短短數十年，為什麼會有人關心一百多億年前的宇宙誕生（目前對宇宙年齡的測算結論是一百三十八億年）？

生於現代的我們，在生物課本上就能看到人體解剖圖，很難理解當初醫生們為了研究血液循環系統，願意付出什麼樣的代價。德國醫生沃納．福斯曼（Werner Forssmann），二十五歲時切開了自己手臂上的靜脈，插進一根橡皮管，並且把這根軟管一路插進心臟。當發現血液開始流動時，他高高興興的拍了張X光片，確定管子已到位，而自己並沒有什麼不舒服的感覺；他還順便還驗證了管子插到不同部位時，血氧含量的改變。福斯曼後來發明了心導管，並在二十七年後拿到諾貝爾生理醫學獎。

比起不食人間煙火的數學家和天文學家，醫生們的瘋狂與現實世界息息相關，所以可能更容易引起大眾的關注與駭異。舉個例子，最初醫生們怎麼發現胃潰瘍是由細菌引起？答案是：喝下患者嘔吐出的胃液所培養的液體，接著自己在幾週後也得了胃潰瘍[35]。再舉一例，醫生們當初是怎麼猜測黃熱病的原因？他們也以為是細菌引起，於是又有人喝下了患者嘔吐出的液體，不過這次他們猜錯了，黃熱病的原因不是細菌，而是病毒（按：黃熱病由黃熱病毒引起，主要流行於非洲與拉丁美洲等地）。此外，胰島素也好，脊髓麻醉也好，發現它們的醫生們都二話不說就在自己身上做人體試驗。

總之，現代醫學就是在各種我們避之唯恐不及的瘋狂上艱難前行，直到現在依然如此。前

35 做出這一偉大犧牲的是澳洲醫生巴里．馬歇爾（Barry J. Marshall）。後來，他持續研究，證明幽門螺旋桿菌是造成大多數胃潰瘍與胃炎的原因，獲得二〇〇五年諾貝爾生理醫學獎。

幾年還發生過一件很驚人的事：日本病毒學家河岡義裕的團隊，宣布自己利用H1N1病毒為藍本，製造出一種能繞過人體免疫系統的「超級病毒」，一旦被這種病毒感染，將無法被治癒。這次，連科學界都覺得太瘋狂，紛紛提出擔心和抗議。雖然這位日本教授堅持自己只是為了了解病毒欺騙免疫系統的機制，才進行這樣的研究，但確實造成不小的恐慌。

只能說，天才的世界，真的很難懂。

精神疾病，反而讓天才更有成就？

天才認知世界的方式，似乎確實與多數人不同。或者應該反過來說，認知世界的方式與眾不同，可能讓他們更容易成為了不起的天才。但在這其中，有些科學家是真的「瘋」，像是被送進精神病院，可能大家就比較陌生了。

在這裡出場的頭一位，又是無所不在、好事壞事都能扯上他的牛頓爵士。

牛頓住過精神病院，而且，還是被他的朋友們送進去的。在他五十歲那年，這顆人類歷史上最偉大的頭腦（之一），經歷了頭暈、失眠、記憶力減退和智力下降的折磨，個性也變得比過去更加暴躁易怒，以至於他的朋友兼粉絲們都開始受不了了。

關於牛頓精神失常的肇因和病症，後世的醫生們眾說紛紜。沒辦法，誰也沒本事穿越回去幫牛頓診斷，只能從各種記載裡尋找蛛絲馬跡。有人認為這是汞中毒[36]的症狀，因為牛頓一直迷戀鍊金術，經常跟劇毒的汞蒸氣打交道，它會嚴重損害人的神經系統；也有人認為，這是長期高強度用腦後的自律神經失調，牛頓雖然活到八十五歲，但他從三十歲起就滿頭白髮、容貌老邁，身體也不好。還有心理醫生判斷，牛頓是因為接連遭受喪母之痛，以及手稿在火災中燒毀的沉重打擊，導致臨床上的憂鬱症。

但不論是什麼病症，至少他在療養院裡住了一陣子後，情緒和智力都大致恢復以往的狀態。朋友們用來驗證他是否恢復的手段，相當簡單且粗暴：把牛頓自己的筆記和論文給他，看他能不能讀懂。最終，牛頓順利取得朋友們的認同，得以出院。

牛頓的精神疾患妨礙了他的科學成就，不過，也有些人成就似乎有賴於精神疾患。

數學家約翰．奈許（John Forbes Nash Jr.），在博弈論和微分幾何學方面，都做出了不起的貢獻，他著名的奈許均衡（Nash equilibrium），據說就是他自己與思覺失調症造成的妄想人格間博弈的結果。奈許均衡是一種非合作博弈條件下的均衡局面，在這樣的局面中，參與博弈的任

36 汞中毒除了是鍊金術師和銀匠的職業病之外，畫家也很容易得到。因為古代使用的顏料裡含有相當多鉛和汞，萬一畫家還有舔畫筆的習慣，就更容易汞中毒，例如荷蘭畫家梵谷（Vincent van Gogh）可能就是這個習慣的受害者。

何一方，在其他方不改變策略的情況下，不管自己選擇什麼樣的策略，都無法改善自己的處境。奈許證明了在參加人數和參與者的選擇都有限的情況下，奈許均衡必然存在。

奈許一生中主要的成就都是在二十二至二十三歲之間做出的。三十歲時，他被《財富》（*Fortune*）雜誌評為新一代數學家裡最天才的人物，隔年進了精神病院，這一住就住了十一年。二〇〇一年，囊括多項奧斯卡大獎的電影《美麗境界》（*A Beautiful Mind*），就是他的傳記片。奈許均衡奠定了現代博弈理論和經濟理論的基礎，也讓奈許於一九九四年，獲得諾貝爾經濟學獎。

在決定頒獎給奈許之前，諾貝爾獎評審委員會經過了一番激烈的爭論，到底能不能把諾貝爾獎頒給一個精神病人，可真是困難的問題！奇妙的是，在好不容易塵埃落定，決定獲獎人選的時候，奈許卻在沒有使用藥物和治療的情況下奇蹟般好轉，能自己前往斯德哥爾摩（Stockholm），親自接受這項榮譽。

平生最大的研究課題，是如何避免引起注意

有的精神疾病甚至還有「提高智商」的名聲，例如亞斯伯格症候群（Asperger syndrome，簡稱AS）。這是一種和自閉症很相似的疾病，表現得像是社交恐懼症和情感障礙的合體，但是

患者在喪失正常人際互動能力的同時，常常伴隨著超乎尋常的敏銳、精確、專注和執著——看起來就是不少著名天才的樣態。

例如卡文迪許，英國最有錢的科學家、鑽石單身漢，卻是深居簡出，生活簡單到不行，原因就是他實在太內向了，內向到根本不願意和人打交道的地步。就連家裡的僕人，都必須在他的視線範圍之外，而他更是一個字都不會跟家中女傭搭腔，每天就把想吃的飯菜寫在紙條上。此外，為了不碰到家中僕人，他還特地替自己的房間多修一道樓梯，免得在樓梯上狹路相逢。至於新衣服，當然是能不做就不做，量身的近距離接觸簡直讓他無法忍受。

由於在女性面前的羞怯，卡文迪許終身未娶，只在家族中選擇一位近親晚輩作為繼承人。但即便是這個將要繼承自己萬貫家財的人，他也只是每年見一次面、幾分鐘時間而已。至於其他的訪客，更是要嚴格篩選，必須提前約定來訪時間，要不然沒有管家作陪，卡文迪許絕對沒辦法和人交談。

此外，還有個能說明卡文迪許到底多怕跟人接觸的故事：某天，有位不速之客來訪，恰好遇到管家外出，卡文迪許親自來開門，兩人面面相覷片刻之後，主人砰的一聲在客人面前關上大門。這位客人是卡文迪許的粉絲，耐心敲門等待，門再次打開了，但他只能眼睜睜看著他的偶像已換上整套外出服，拿著雨傘，神色倉皇的逃離現場。卡文迪許寧可跑去野地裡消磨幾個鐘頭，也不願意與陌生人寒暄幾句。最後，還是管家晚上回來，聽說這件事之後，到外面把他找回家。

其實，別說是普通的陌生人了，就算是皇家學會的成員們，卡文迪許基本上也是能不說話就不說話。他唯一固定參加的社交活動，是每週四皇家學會例會前的晚餐聚會。當時，餐會就是學者們的聊天時間，許多學術討論都要趁這個場合進行。不過，要從卡文迪許嘴裡問出什麼見解，真是比登天還難，基本上只能從他囁嚅的音量大小，來判斷他是否同意別人的見解，想要聽清楚他講的內容幾乎是不可能。

傳記作家評論他：「平生最大的研究課題，是如何避免引起注意。」為了達成這個寶貴的成就，卡文迪許雖然在數學、電磁學、力學、熱學、化學、天文學等諸多領域都有所建樹，但他一輩子沒出過一本書，論文也只發表了寥寥幾篇，每篇都頂著被逼迫、無奈的面容——做研究、寫論文對卡文迪許來說輕而易舉，但當時發表論文要當眾宣讀，這對卡文迪許來說可真要命，他寧可沒成果也不做這件事。

而他這個習慣，害自己捲入好幾次大規模的爭論中，跟詹姆士．瓦特（按：James Watt，工業革命的重要人物）和化學家安東萬．拉瓦節（Antoine Lavoisier）之間，都有過發現優先權的爭議。

其實，要說是「爭議」好像也不恰當，因為卡文迪許總是不說話，是幾十年後的馬克士威翻閱他的筆記和手稿，才發現有些東西他明明比別人更早完成，卻從來沒聲明過。所以，後世的心理醫生們覺得他有亞斯伯格症候群，應該也不能算是捕風捉影。

自己的新發現太過衝擊，因此精神崩潰

說起罹患精神疾病的風險程度，排行第一的職業可能會讓你非常意外：數學家，特別是邏輯學家。與這個職業給我們的刻版印象（例如精確、嚴謹、絕對的理性等）完全相反，邏輯學家們經常把自己搞到崩潰。

仔細想想其實也不令人訝異，他們努力把自己的理性世界打造得清晰、嚴整、一環扣著一環，萬一中間有一塊被轟掉了，幾乎就等於天塌地陷了。普通人遇到一、兩個悖論（按：邏輯上無法判斷正確或錯誤的命題），根本不構成問題，畢竟只是一大堆磚塊，不管怎麼震動還是一堆磚塊；但如果挖掉一棟高樓的地基，高樓還能不倒嗎？

第一個因為這種智力上的探索，而付出崩潰代價的數學家，是創立集合論（按：研究集合〔由一堆抽象物件構成的整體〕的數學理論，包含集合和元素、關係等基本的數學概念）的德國人格奧爾格．康托爾（Georg Cantor，一八四五—一九一八年）。

要知道，數學家為了捍衛心目中的真理，是不惜採取極端手段的，特別是在面臨整個世界觀都要被顛覆的緊急關頭。當初第一個意識到無理數（按：非有理數的實數，若寫成小數形式，小數點之後數字有無限多，並且不會循環，例如π即為常見的無理數之一）存在的古希臘人希伯索斯（Hippasus），就直接被他的同學們扔到海裡，因為他竟敢顛覆「萬物皆數」的真理。

幸好，康托爾所在的時代已經是文明社會，不會有人再做出這種事，不過，仍是躲不開各種質疑、責難和群起而攻之。主要還是因為他提出的觀點太過「大逆不道」了。

康托爾的觀點是什麼？首先，他證明無窮有很多種層次，有可數的無窮，還有不可數的無窮；接著他又說，只要兩個集合之間的每一個元素能夠一一對應，它們就是等價的。看起來沒錯，對嗎？於是，他就證明了有理數和自然數之間可以一一對應，一條直線上的點和一整個平面上的點一一對應，甚至一條直線上的點，也可以和一整個空間裡的所有點對應。

這在數學界投下震撼彈，因為一個平面應該是由無限條直線組成，平面怎麼能跟直線等價？最後，康托爾還說「超越數」[37]有無限多個！這也是一件完全違反當時數學研究傳統的事。數學家們認為，能證明的超越數一隻手明明就可以數盡，你竟然跟我說有無限多個？

這些發現都是當時的數學界不能容忍的，一方面是覺得這種離經叛道的發現不可原諒，另一方面則是對無法反駁康托爾的無限證明而惱怒。但實際上，**被這些顛覆性發現衝擊得最厲害的，還是康托爾他自己**。所以，**在弄亂當時數學原則的同時，他自己也精神崩潰了**，幾進幾出精神病院，最後於一

▲格奧爾格．康托爾。

戰期間死在精神病院裡。

而另一位同樣遭受精神疾病困擾的天才，可能是有史以來最被低估的邏輯學家。他就是一腳踢掉《數學原理》這本巨著基石的庫爾特・哥德爾（Kurt Gödel，一九〇六—一九七八年）。

說起來其實是一報還一報，因為當初《數學原理》的作者之一羅素，也做過同樣的事。在前輩弗雷格（Friedrich Ludwig Gottlob Frege）的巨著《算術基礎》（*The Foundations of Arithmetic*）即將付印時，羅素寫了一封信給弗雷格，提出他著名的「羅素悖論」，兩句話就把對方整本書廢掉。這個悖論的流行說法大致是這樣：塞維利亞的理髮師，幫城裡的所有不自己刮鬍子的人刮鬍子，那麼他該不該自己刮鬍子呢？

▲庫爾特・哥德爾，此圖約攝於1925年。

如果這位左右為難的理髮師自己刮鬍子，那麼根據這個悖論的第一句話，他不該替自己刮鬍子；如果他不自己刮鬍子，根據同一句話，他應該替自己刮鬍子。這個悖論簡直讓當時的所

37 只要不是任何以有理數為係數的代數方程的根，就是超越數。

有數學家都抓狂，後來導致希爾伯特出來號召大家重整數學基礎，「一勞永逸的消滅數學裡的悖論」。希爾伯特的墓誌銘是他自己擬的：「我們必須知道，我們必將知道。」他一直相信可以建立出一個完備的數學體系，而羅素和懷海德在《數學原理》上花了整整二十年，響應他的號召，然後，就被哥德爾當頭棒喝了。

而且，哥德爾的棒喝還是兩下連擊。首先，他證明，不管選用什麼公理來建立複雜的數學體系，在這個系統內，總能創造出一些有意義的命題，是無法證明對錯的。其次，他又證明，在同一個數學體系裡，無法確定體系內的定理是否自相矛盾。因此，數學是不完備的！

時代進步了，且哥德爾的證明很完美，他沒有因此遭到攻擊。但是，他內心深處一直擔心，會不會在未來也遇上一個比「理髮師悖論」更致命的玩意，把他的畢生心血變成一堆垃圾？

一方面因為這種焦慮，而導致他的抑鬱；另一方面，又因為他原本就有點強迫症，他有不太嚴重的潔癖，並且認為「寒冷是有害的」，在任何時候總是穿著大衣，戴著圍巾和手套，天氣再熱也不露出臉部以外的皮膚。

哥德爾在普林斯頓高等研究院時，跟愛因斯坦是好朋友，愛因斯坦晚年每天去辦公室，「只是為了跟哥德爾一起散步回家」。他們兩個站在一起的樣子非常有趣：愛因斯坦大腹便便，穿著皺巴巴的襯衫，褲子不繫皮帶，而是用吊帶掛在肩膀上；哥德爾總是穿著熨好的襯衫，無論何時都穿著細緻的亞麻外套。而且，他還老是覺得食物對身體有害，只肯吃最低限度的食物，還總是懷疑自己有心臟病。

這位偉大的邏輯學家，在生活裡其實不講邏輯。他最後罹患厭食症和妄想症，幾乎什麼都不肯吃，最後因為心臟病和營養不良而去世，他離開人世的時候，體重還不到四十公斤。

04 用超強意志，戰勝生理限制

社群網站上，曾流行過為漸凍人症募捐的「冰桶挑戰」（Ice Bucket Challenge），許多名人都加入挑戰行列。

漸凍人症其實是「肌萎縮性脊髓側索硬化症」的俗名，全名為Amyotrophic Lateral Sclerosis，英文縮寫為ＡＬＳ。由於中樞神經系統裡控制骨骼肌的神經元退化，讓大腦無法指揮運動系統，最終病患會完全失去行動能力。至今，漸凍症還是一種令人類束手無策的疾病。

目前，沒有人知道這種絕症的病因，它最殘酷的一點，是對患者的記憶和智力毫無影響，但罹患這種絕症的人，會清醒的慢慢「凍結」，步向死亡。

不過，對某位患者而言，我們應該慶幸漸凍症具備這個殘酷的特點，讓他那寶貴的大腦在患病後的幾十年時光中，仍然能夠保持清晰和敏捷的思考。

這個特殊的患者，就是史蒂芬·霍金（Stephen Hawking）。

雖然身體逐漸凍結，腦袋仍思考宇宙的祕密

霍金生於一九四二年一月八日。之所以特別提到這個日子，是因為這天是伽利略去世三百週年忌日。霍金十九歲，讀牛津物理系大三那一年，突然發現自己行動變得遲緩，很難控制自己的身體，動不動就摔倒。後來，他被確診患有ＡＬＳ，醫生預測他最多還能撐兩年。一般人聽到這樣的宣告，多半會選擇趁身體還能動彈時，趕緊周遊世界。不過，霍金卻選擇畢業後去劍橋念宇宙學，好像一點也不在乎自己可能來不及拿到博士學位。

霍金從行動笨拙變為行動不便，並沒有經歷太多時間。他在讀研究所期間，老師丹尼斯．夏瑪（Dennis Sciama）帶著研究生們去倫敦參加研討會。劍橋離倫敦大約一百公里，需要坐一個小時的火車。劍橋是個小站，火車停的時間不長，他們上車之後，忽然發現有個人沒跟上。回頭再看，霍金正以「古怪又緩慢」的步伐，試圖趕上火車，大家都非常緊張。那一次，霍金終於還是在發車前順利上車，不過，後來他就無法再像這樣外出了。

▲ 史蒂芬．霍金攝於美國國家航空暨太空總署（NASA）。

身為劍橋的盧卡斯數學教授（按：他的任期為一九七九—二〇〇九年），霍金人生中最後一個簽名，就在這個職位就職時的簽到冊上。霍金有兩位名留千古的前輩：牛頓和狄拉克，不過他自己的成就也絕對不遑多讓。他的第一項成就，就是捍衛了廣義相對論方程式，指出奇點並不代表廣義相對論的缺陷。奇點的「奇」是奇怪的奇，來自廣義相對論方程式的一個解，代表維度無限小而密度無限大的時空。物理學家很討厭「無限」，所以一直有人懷疑廣義相對論有問題。而霍金則告訴大家一個好消息和一個壞消息：好消息是，廣義相對論本身沒有問題，大家不要擔心；壞消息則是，包括廣義相對論在內的一切科學法則，看來都只能在特定的條件下存在。

霍金的第二項重大發現，是指出黑洞會產生輻射。原本大家都以為黑洞只進不出，但是霍金發現黑洞會「吐出」粒子，緩慢蒸發，而且黑洞的質量越小，溫度越高。這項發現集合物理學上的三大基本理論——相對論、量子力學和熱力學，是科學史上的重要一頁。

老實說，**霍金真的是一個推動科技進步的存在**。先別說他本人在宇宙學上做出的成就，也不提他那套如同科幻電影道具的電子語言系統和輪椅，單單是他在二十一歲確診ALS之後，又繼續活了五十五年，就已經是醫學上的一大成功了。

自從一九八六年，霍金因為肺炎而做了氣管切開術後，他就沒辦法說話了，因此電腦成為他生活中必不可少的一部分，他交談和寫作的能力都來自電腦。**這位在輪椅上坐了好幾十年的天才，儘管已經完全無法控制自己的身體，但他依然活著，並思考著宇宙的祕密**，寫了幾本史上最暢銷的科普著作（雖然說寫作的初衷，是為了賺醫藥費），成為二十世紀末最耀眼的科學偶像。此外，霍金也沒有因為生病而錯過人生大事，他前後與兩位妻子結婚又離婚，並且有三個孩子

（按：霍金的故事曾拍成電影《愛的萬物論》〔*The Theory of Everything*〕，改編自霍金第一任妻子潔恩．霍金〔Jane Hawking〕所寫的回憶錄。艾迪．瑞克曼〔Eddie Redmayne〕飾演霍金、費莉絲蒂．瓊斯〔Felicity Jones〕飾演潔恩、瑪克辛．皮克〔Maxine Peake〕飾演霍金第二任妻子伊蓮．梅森〔Elaine Mason〕，電影於二〇一四年上映）。

二〇一八年三月十四日，霍金去世，骨灰安放在倫敦著名的西敏寺（Westminster Abbey）。巧合的是，他在伽利略逝世三百週年的日子出生，在愛因斯坦的生日這一天去世，並安葬在牛頓身邊。這三位正好也是他在自己最著名的作品《時間簡史》附錄裡，列出的史上前三名物理學家。

從當年確診ALS開始，人人都覺得霍金命不久矣，但他活到了二〇一八年，過完了七十六歲生日，也算是創下紀錄。「人生七十古來稀」，更何況他還是一位絕症患者。

即使看不到未來，依然擔心全地球的命運

但是，大多數人可能都不見得能擁有像霍金一樣的強韌生命力。他們被診斷出絕症之後，

雖然也經多方診治，卻沒能堅持多久。

其中最讓人遺憾的一個例子，應該是馮紐曼，他在五十三歲時因癌症去世。他臨終前，美國國防部的正副部長、三軍司令和其他所有軍界要員，齊聚他病榻前聆聽遺訓，這種場面恐怕不但空前，而且絕後。軍界如此重視他意見的原因很簡單，作為博弈論之父，馮紐曼對局面的分析能力是首屈一指的。維格納以他一貫的簡潔風格評價：**一旦馮紐曼博士分析完一個問題，該怎麼做就一清二楚了。**

馮紐曼罹患的是胰腺癌，發現時已經透過血液轉移到骨頭。誰都沒想到他會栽在這個病上，因為他太喜歡吃甜食，從年輕時就是個胖子，照理說罹患其他疾病的風險更高。因為他實在太忙了，在確診之後還是瞞著家人又不斷的工作了四個月。美國總統親自授予他自由獎章，坐在輪椅上的馮紐曼回應：「我希望能在這世上更長久的服務，以對得起這份榮譽。」不過，以他一輩子極少出錯的判斷力，想必那時候已經心裡有數。他還來得及趕上女兒的婚禮，雖然他並不高興，因為他認為早婚會妨礙學術事業，但是他來不及看到自己擔心的那些問題的答案了。

馮紐曼，這位一生中對世界局勢判斷都異常精準的天才，唯一一次誤判就是認為美蘇必有一戰，他在彌留之際還擔心著，經常在半夜時，把病房外站崗的士兵（軍方擔心他因病痛和藥物的作用講夢話，特地安排士兵站崗，以免洩密）叫進去交代一些他突然想到的事。另外，他還在一九四〇年代就預料到全球暖化問題，並做過估計，地球未來的命運也是他關心的問題之一。但是，癌症很快就損傷了他的大腦——應該是當時世界上最寶貴的大腦。後來，有位美國科學家這麼說：「除了他生病住院時的那最後一年之外，我們從來都趕不上他的思考速度。」

人類的力量有限，在絕症之前沒有例外

馮紐曼從確診到離世，一共撐了十八個月。而二十世紀可能最有名的胰腺癌患者——史蒂夫．賈伯斯，從確診到辭世堅持了整整八年。

在本書提到的所有人物之中，賈伯斯絕對算不上頂尖的天才，不過他是位獨一無二的商業奇才，擅長提供給購買他家產品的每一個人，一份美好的體驗。而蘋果公司著名的標識，據說是為了紀念牛頓而設計的（雖然賈伯斯本人表示並非如此）。

胰腺癌是所有常見癌症中，死亡率最高的，不過賈伯斯罹患的不是最可怕的腺癌，而是生長比較慢的一種「神經內分泌腫瘤」，如果及時切除有機會治癒。遺憾的是，這位天才太習慣讓世界按照自己的意志來運行了，他拒絕醫生的手術建議，而改以「自然療法」對抗癌症。具體來說，就是以嚴格的素食、針灸和草藥療法，來跟史上最凶惡的絕症（之一）對抗。許多朋友都竭力勸說過他，拖了九個月之後，自然療法讓癌細胞長大和擴散不少，他不得已切除了大部分胰臟。可是，賈伯斯是嚴格的素食者，損失胰臟之後，身體無法單靠素食來獲得足夠的蛋白質，營

養不良更加強了他與癌症奮鬥的難度。

癌症對每一個人都是公平的。或者說，**由於天才們往往有強烈的個人意志，和普通人比起來，有時他們反而更不容易採納醫生的建議**。賈伯斯的癌症終究還是轉移到肝臟，身為頂級的富豪和名人，他有能力獲得最好的治療，但最好的治療對於絕症來說也是毫無用處。人類的力量有限，賈伯斯很快就意識到這一點。這個時候，當初導致他錯過治療時機和堅持素食習慣的神祕哲學，很快就幫助他獲得內心的平靜。

二〇〇五年，賈伯斯應邀至史丹佛大學的畢業典禮上演講，他告訴年輕的畢業生們：「提醒自己死亡將至，是我面對人生重大選擇時最重要的工具。因為，幾乎一切——所有外界期望、所有驕傲、所有對於困窘和失敗的恐懼，在死亡面前都會消失，只留下真正重要的東西。提醒自己死亡將至，是我所知最好的方式，避免陷入患得患失的陷阱。你已經一無所有，沒理由不追隨內心的聲音。」

絕症面前，人人平等。最具天賦的人能做出的最大反抗，其實也只是如此而已。

第四章

為真理而奮鬥，你得願意拿命出來賭

01

想靠研究賺錢，得先找到貴人資助

對於以探求宇宙真理為人生目標，偏偏又困擾於柴米油鹽的天才來說，在幾百年前那個時代，要賺到讓自己不愁生計、能安心做研究的財富，方法可不多。**在各國的科學院成立之前，科學家基本上是一個沒人發薪水的職業**，除非是富二代，不然總要找一份維持生計的工作，**所以業餘的通才成為當時潮流**，跟現今隔行如隔山的情況完全不同。

要靠研究學問賺錢只有一條路，就是得到大人物資助。少年成名、一鳴驚人，發表幾篇論文後得到國王或皇帝的青睞，從此一生衣食無憂的故事，當然是人人嚮往。科學史上最金光閃閃的人，基本都是這麼走過來的，其中還有不少成功的在自己的名字前加上貴族標誌，比如拉普拉斯侯爵、克耳文勳爵，都是因為科學成就而獲得授勳[38]。

38 牛頓爵士的貴族頭銜是在皇家造幣廠當廠長時，認真調查鑄造假幣的人而得來，並不算在此列。

鍾情於探尋真理的聰慧天才們，受到高貴而開明的君主賞識，從此衣食無憂，在平靜安穩的環境裡快樂做研究，終成一代大家……這種如同童話故事幸福結局的想像，要是相信的話就太天真了。有句話這麼說：伴君如伴虎！

首先，歐洲歷史上和平的日子並不多。諸侯割據，群雄林立，好處是靠山很多，這座山沒得靠，還能再找別的靠山，但壞處就是靠山哪時會倒無法預測。比如數學王子高斯，他生在布藍茲維（Braunschweig），他的保護人是布藍茲維公爵卡爾・斐迪南。這位公爵對高斯相當仁至義盡，從高斯十四歲起就負擔他的學費，直到他完成學業為止，後來還提供他一筆足以生活的津貼，讓他可以專心研究，不用為五斗米折腰。高斯特地在他的《算術研究》（*Disquisitiones Arithmeticae*）中寫：這本書獻給斐迪南公爵，以表示對他所做一切的感謝之情。

這本來是一段佳話：農家出身的貧苦孩子，在大人物提攜之下，成為史上最偉大的數學天才。不過好景不長，布藍茲維公國所在的普魯士王國參加反法聯盟，結果被當時戰無不勝的拿破崙暴打一頓。戰火燒到普魯士本土，斐迪南身為普魯士陸軍元帥，帶領軍隊奮勇抵抗，最後重傷去世。於是，高斯暫時性失去經濟來源，不僅如此，他還被徵收兩千法郎的戰爭金，處境更雪上加霜。

幸好他出名早，此時已經名滿歐洲，被公認為全世界最偉大的數學家。聖彼德堡的俄羅斯科學院首先向他拋出橄欖枝，德意志的數學家們也在努力，希望他能夠留在祖國。高斯最後擔任哥廷根天文臺的臺長，薪水微薄，只能維持一家人最簡單的生活需要。不過這就夠了，高斯本人一貫淡泊樸素，書房裡幾十年如一日用著舊椅子和舊工作臺，桌子也不上漆。對於不在乎窮苦的人來說，經濟窘迫應該是遠不如放棄熱愛來得可怕吧。

在「靠山山倒」這個領域，高斯的經歷還算是喜劇，最主要的原因是他水準夠高、名氣夠大，任何國家都會善待世界級的數學家，因為數學實在是太重要了。不過，另一位科學家的故事則是悲劇，他的靠山恰好就是普魯士的敵人——法國皇帝拿破崙。

靠山山倒，連自己的腦袋也不保

發明畫法幾何[39]（Descriptive geometry）的數學家加斯帕爾·蒙日（Gaspard Monge），是商人的兒子，透過努力成為一名海軍軍官。在法國大革命裡，由於蒙日是平民出身，他原本堅定的和民眾站在相同立場，是積極保衛共和國的愛國人士。一七九六年，他前往義大利，並結識了

39 利用一套特殊程序，將三維的物體畫在二維的圖面上。畫法幾何是機械製圖的基礎，沒有它就沒有大規模的工業生產，有整整十五年它都是法國的軍事機密。

拿破崙，開始與這位年輕炮兵軍官的友誼。

後世的歷史學家翻閱史料，認為蒙日是歷史上唯一獲得拿破崙的真心友誼和信任的人。而他對拿破崙的確也是忠心耿耿。拿破崙遠征埃及失敗，匆匆乘船趕回法國時，蒙日跟他在同一艘船上。將軍（當時拿破崙還不是皇帝）在海上毫無自信，老是覺得遠方海面上會突然出現一隊英國軍艦，把他們全都抓起來吊死。於是，他交代蒙日：「如果我們遭到英國人的攻擊，必須在他們靠攏上來時，把我們的船炸掉，我把這個任務交給你。」有一天，遠方果然出現一艘船，所有人都準備戰鬥，蒙日卻馬上消失了。後來，發現那是一艘法國船，大家都鬆了一口氣，只有拿破崙緊張的問：「蒙日在哪裡？」

蒙日發揮了他身為海軍的沉著與忠誠，正躲在火藥庫裡。他被找到時，手上拿著一盞點燃的燈。如果那真的是一艘英國船，這盞燈就已經被他扔進火藥箱裡了。

蒙日和拿破崙不光是患難之交，在這位軍事天才變成皇帝之後，蒙日也是少數敢在御前仗義執言的人之一。而拿破崙雖然縱橫歐洲很長一段時間，但還是遭遇了滑鐵盧——在這之前，他就被打敗過一次，流放到厄爾巴島（Isola d'Elba），但他很快捲土

▲ 加斯帕爾．蒙日畫像。

重來，當時巴黎的報紙頭條，顯現出他進攻速度驚人：「科西嘉的怪物逃離厄爾巴島」、「叛國賊在坎城（Cannes）登陸」、「波拿巴（按：拿破崙的姓 Bonaparte）將軍占領格勒諾布爾（Grenoble）」、「拿破崙進入里昂」、「拿破崙將軍接近楓丹白露（Fontainebleau）」、「陛下將於今晚抵達忠實的巴黎」。

拿破崙失敗後，蒙日沒有跳槽的能力，更何況他還有拿破崙摯友的名聲在外。後來，波旁王朝懸賞他的腦袋，讓他不得不在貧民窟之間到處躲藏。隨後，王室又下令把他從科學院開除；甚至在他死後頒布禁令，禁止他的學生們參加他的葬禮。

好老闆多重要？克卜勒就死在找皇帝討薪水的路上

即便你生在一段相對和平的時代，待在一個相對夠大的國家，得到一位夠長命的君主垂青，但皇家科學院也並不一定就是人間樂土。

當收入和地位完全取決於君主寵愛時，科學家之間也不能免俗的上演宮鬥劇，一不小心就有人陷害你。瑞士數學家李昂哈德·歐拉就吃過這樣的虧。

關於歐拉的傳說非常多，較具代表性的一個是他能夠在任何地方、任何條件下進行他的工作。歐拉非常喜歡孩子，可以一邊抱著嬰兒，一邊寫論文，旁邊還有一群年紀大一點的孩子在玩要。就算在這種充滿干擾的情況下，他寫論文的範圍之廣、速度之快依然獨步天下，桌子上總是有一堆寫好等待印刷工人取走的文章。由於比較晚寫完的文章被放在上面，所以經常出現出版日期的順序和寫作日期相反的狀況。而且，這種巨大的工作量甚至在他失明之後也沒有減少，因為他記得自己需要的書籍和公式，也有驚人的心算能力，同行形容他「計算時就像人的呼吸或者鷹的翱翔一樣，不費吹灰之力」。要知道，牛頓無論如何都無法解決的月球運動問題[40]，就是歐拉失明之後心算而算出來的！

不過，一個人腦子裡裝著這麼多數學，留給宮鬥、心機之用的地方就不多了。歐拉在很年輕時就右眼失明，儀容有損，而且他並非一個辯才無礙的全才，時常得罪人。這時，柏林科學院裡那些伶牙俐齒的學者們，就有發揮的餘地了。在這件事上扮演反派角色的是伏爾泰，他想盡各種辦法把歐拉扯進他不擅長的辯論裡，再讓皇帝看到他的口拙。而普魯士國王腓特烈二世（Friedrich II）皇帝本來就不喜歡數學——誰會喜歡一門自己不懂的學科呢？在充分看到歐拉跟他人拙劣辯論的場面後，皇帝漸漸感到厭煩。歐拉最終也察覺到這一點，不得不離開柏林科學院，

▲ 李昂哈德．歐拉49歲時（瑞士畫家伊曼紐爾．漢德曼〔Emanuel Handmann〕繪）。

而去了聖彼德堡（按：歐拉為瑞士人，二十歲時到聖彼得堡，三十多歲受邀到柏林科學院，待了二十五年後回到聖彼得堡）。

而且，千萬別覺得皇帝就一定有錢，歐洲窮過很多年，皇帝也有可能欠薪，**歷史上最偉大的天文學家之一，約翰尼斯．克卜勒，就是死在找皇帝討薪水的路上。**

▲ 約翰尼斯．克卜勒畫像。

克卜勒是個出身窮苦的老實人，從小身體病弱，眼睛不只高度近視，還有散光，看起來完全不是當天文學家的料（舉個完全相反的例子：牛頓直到八十五歲，都沒戴過眼鏡）。克卜勒擔任過第谷．布拉赫的助手，在布拉格為神聖羅馬帝國的魯道夫二世皇帝，編制以他名字命名的《魯道夫星曆表》（*Tabulae Rudolphinae*）。

神聖羅馬帝國很奇特，名字看起來很特別，但實際上它既不神聖（教皇的加冕還是拿土地

40 月球、地球、太陽是一個三體系統，因此想要精確描述月球的運動，需要很複雜的計算。

跟教廷換的）也不羅馬（跟羅馬人沒有關係），當然更不帝國（哪個帝國被割據成好幾百塊，皇帝還要靠選舉才能當），千萬別拿它跟曾經的羅馬帝國相比。當時，神聖羅馬帝國正在跟土耳其打仗，財政相當緊張，且接下來又是漫長的三十年戰爭（按：一六一八—一六四八年，原先是神聖羅馬帝國內戰，演變成大規模歐洲戰爭），經濟始終沒好轉，不得不長期欠薪。

第谷死後，克卜勒繼承他「皇家數學家」的位子，年薪五百金幣。不過，克卜勒的第一筆薪水，是在皇宮會客室裡討了整整兩個月才拿到。後來，欠薪更成為常態，在克卜勒晚年時，金額甚至達到一萬兩千金幣。當時的皇帝斐迪南二世（Ferdinand II）答應支付這筆積欠的薪水，不過他的支付方式是開支票。克卜勒得自己拿著這些支票，到各個城市去領錢，可是哪裡都沒錢讓他領。終於，在他最後一次騎著一匹價值兩金幣的老馬上路，試圖去兌換手裡那些支票債券時，病倒在路上，很快就去世了。

就算國王有錢、願意重用自己，還是有生命危險

話說回來，即便君主不欠薪，說不定也會讓你一輩子都在無聊的位置上浪費才能。例如，德意志帝國的律師、哲學家、數學家哥特佛萊德·萊布尼茲（Gottfried Leibniz），歷史上少見的通才，號稱「十七世紀的亞里斯多德」，頂著當時歐洲最全能的頭腦，卻在漢諾威

（Hannover）公爵家當了幾十年盡忠職守、完美無缺的圖書管理人和家族律師，處理的大多是私生子女繼承權和家譜編纂之類，對人類文明毫無貢獻的事。

多虧萊布尼茲竭盡心力考證出來的家譜，千方百計把公爵跟英國的安妮女王[41]（Queen Anne）拉上親戚關係。歐洲各國貴族長年內部通婚，家譜異常複雜，王位繼承有一套極其精密又冗長的規則，保證繼承人順位可以嚴格排序，不至於產生糾紛。所以，沒有足夠聰明的頭腦還真沒辦法編家譜。安妮女王沒有子嗣，得從親戚裡尋找繼承人，漢諾威公爵也是繼承人之一，不過排序偏後，前面還有五十位候選人。要不是前面這五十位都是天主教徒，而當時以新教為國教的英國人，不願讓王位落到天主教徒手裡，王位也不會輪到漢諾威公爵喬治頭上。喬治公爵成了喬治一世，不過卻好像忘記萊布尼茲的存在一樣，任憑他老死在家鄉。

事實上，喬治一世從沒想過英國王位會掉到自己頭上，當然沒好好學過英語，他大概是史上第一個連英語都說不好的英國國王（按：喬治一世的母語為德語）。要是當時他把萊布尼茲帶在身邊，先不說能多學幾句英語，至少也可以鎮懾那些看不起他的大臣。

41　一七〇二年成為英格蘭、蘇格蘭和愛爾蘭三國女王；一七〇七年，英格蘭和蘇格蘭合併為大不列顛王國，她以大不列顛女王名義繼續統治，直到一七一四年逝世。

最後，哪怕世界和平、宮廷寧靜、君主不但有錢還特別器重自己，但如果是一位魯莽的君主，任誰也招架不住。「解析幾何之父」，偉大的哲學家、數學家和科學家勒內·笛卡兒（René Descartes），就遇到一位這樣的女王：瑞典的克莉絲汀娜女王（Drottning Kristina）當時十九歲，身體強壯、精力充沛，而瑞典的宮廷教師使她感到無比空虛與無聊。於是，當她第一眼看到笛卡兒的著作時，就下定決心，一定要把這位厲害人物請來幫自己上課。

當時，笛卡兒隱居在荷蘭的小村子裡，一邊過著愉快的隱居生活，一邊繼續自己偉大的思考。悠閒對他來說是很重要的，他從少年時代起就習慣每天睡到上午十一點再起床。不過，當一位國王下定決心要討好你時，你能怎麼抵抗呢？女王派了一位海軍上將，帶著一艘船來接他，還表示全船人都可以由他隨意支配。

於是，笛卡兒就上了船，到了斯德哥爾摩。但他不幸遇到斯德哥爾摩史上最嚴寒的冬天。

不知道為什麼，女王一點也不怕冷，可以坐在沒生火的房間裡幾個小時。此外，她吃得也很

▲ 笛卡兒（最右）與克莉絲汀娜女王（中間），18世紀繪畫。

節省，工作很辛苦，睡得很少。所以，她其實並不是故意要虧待笛卡兒，只是完全意識不到別人需要溫暖和休息，所以她很理直氣壯的提出每天清晨五點學習哲學的要求。

在嚴寒的冬天，一大清早必須離開被窩的滋味，我們都知道有多難受；更何況在斯德哥爾摩，冬天上午十一點才天亮（而這是笛卡兒原先的正常起床時間）！於是，笛卡兒每天早上五點鐘準時進宮，在沒生火的圖書館裡上課；下午也別想回家補眠，女王自己以勤政為榮，因此不讓臣子們閒著，總會分派任務下去。沒過幾個月，笛卡兒就在瑞典寒冷的天氣裡罹患感冒，繼而轉成肺炎，病重去世了。

要是笛卡兒知道後世居然會流傳自己和克莉絲汀娜女王的浪漫故事，還煞有介事的編出了「r=a（1-sin θ）」的心形線情書，只怕會氣得從墳墓裡爬起來，警告後輩：

珍惜生命，遠離女王！

02

化學家們「要命」的發現

如果你有什麼東西都想嘗一嘗的毛病，可千萬別進化學這一行。瑞典歷史上最了不起的化學家卡爾．威廉．舍勒（Carl Wilhelm Scheele，一七四二－一七八六年）就有這個壞毛病，凡是自己做實驗弄出來的東西，他都要親自嘗一嘗。那他發現了什麼呢？比如亞硝酸、氟化氫、氰化氫、氯氣等，每一樣都是化學老師嚴格告誡我們，在實驗室裡必須小心對待的危險化學物。當然在兩百多年前，人們還不了解化學物的毒性；而且，化學家們確實有條不成文的工作傳統：想要平安長壽的人，一定做不出像樣成就。舍勒在四十三歲時，死在自己的工作臺旁，身邊堆滿各種化學藥劑，全部都有劇毒，任何一種都可以致命，以至於人們至今都沒辦法搞清楚，到底最終是哪樣東西奪走他的生命。

舍勒真是一位不折不扣的倒楣鬼，論倒楣程度，他與

▲ 卡爾．威廉．舍勒畫像。

下一節要提到的普朗克難分軒輊。但是，普朗克的壞運氣主要表現在家庭和時代上，舍勒的霉運則集中在學術上。

舍勒家境貧寒，沒有受過正規教育，跟達文西相似，知識都是來自學徒生涯，以及自學。他最早的著名發現，是一種不從尿液裡提取磷的方法，正是因為掌握這種新的磷提煉法，瑞典才成為世界上主要的火柴生產國。舍勒短短的一生中，幾乎沒有使用過任何先進儀器，而他就在惡劣條件下發現了氯氣、氟氣、錳、鋇、鉬、鎢、氮氣和氧氣，生前卻沒有因此得到任何榮譽。舍勒還發現氨氣、甘油和單寧酸，並提出可以用氯做漂白劑。他發現的氫氟酸成為玻璃雕刻的基礎；而他發現銀鹽在光照下會分解，後來成為攝影術的基礎（按：銀鹽即底片上的感光劑成分）。這些發現都讓別人發大財，他自己卻一分錢也沒賺到。

一七六八年，他首先純化草酸和酒石酸，可是他的論文文法不通，被拒絕發表；一七七二年他首先發現氧，寫好的專著卻被出版商耽擱了整整兩年才付印，失去了發現優先權。當時化學家的一大重心，是研究各種顏料和染料，這回舍勒終於有用自己名字命名的發現了：他發現一種黃綠色顏料，被人們稱作「舍勒綠」，不過這東西很快被發現有毒，被停止使用。舍勒綠的成分是亞砷酸銅，就是砒霜的砷（按：砒霜學名為三氧化二砷）。

舍勒綠還有個顏色更美，也更可怕的親戚，被稱為「巴黎綠」，是非常鮮亮的綠色，人們拿它來印壁紙。有段時間，幾乎整個歐洲的有錢人家牆壁都是綠色。巴黎綠的成分是什麼？是醋酸亞砷酸銅，同樣是一種劇毒的鹽，有錢人住在塗滿它的房間裡，最後都罹患慢性砷中毒。附帶一提，被流放到聖赫勒拿島上的拿破崙英年早逝，後人懷疑他死於英國人投毒，不過他住的那座行宮牆壁上，用的也是這種綠色壁紙。

化學的確是一個奇妙、有趣但又充滿危險的學科，即便是今日，人們也要非常小心對待它。而在人們還沒了解世界上存在這麼多劇毒化學物的時代，化學家們更是一個個都頗有視死如歸的氣魄。算起來在危險指數上能和化學家相比的，恐怕只有流行病學家和核子物理學家了。

居禮發現的放射性元素鐳，曾經被當作「保健品」

放射性元素的可怕，在剛發現它們時根本沒人能知道。瑪麗・居禮自己就經常把放射性物質隨手放進抽屜裡，並不只一次描述過它們「在黑暗裡發出幽光」，還曾經在口袋裡放著裝滿放射性物質的試管，坐火車去旅行。以生活在現代的我們看來，瑪麗・居禮在提煉鐳的研究中簡直是不要命，沒有人會放任自己暴露在那麼高劑量的電離輻射下，哪怕是知道有個諾貝爾獎在前面等著你，一定也做不到：多年後人們整理瑪麗・居禮的遺物時，發現就算只是她用過的食譜，上面沾染到的放射性物質，其劑量就足以對人體造成威脅，必須穿上防護服才能接觸。而她當時的論文手稿，因為沾染的放射性物質太多，至今沒辦法整理，只能保存在鉛盒裡。

但是，**當時的人們認為，像放射性元素這種能夠產生能量的東西，一定對身體健康有幫助**。先別笑，現代人也沒比一百年前好多少，翻開各種保健品的廣告，基本都充滿吐槽點，只要打著「科學新發現」的旗號，再吹噓一下「保健」功效，輕而易舉就能讓人心甘情願掏錢。當時的牙膏、軟便劑等東西，都添加放射性元素作為「保健品」販賣，銷量相當可觀，而「放射性溫泉」的療養作用更是被大肆宣傳。更有甚者，「鐳水」（按：Radithor，也譯作「鐳補」，是一種專利藥）被當作非常頂級的保健飲料販售，而為礦泉水添加放射性的裝置居然還申請了專利，發明人大發橫財不說，竟然還得到美國醫學會推薦。直到倒楣的美國運動員兼商人埃本・拜爾斯（Ebenezer Byers）為了治療慢性疼痛，在醫生建議下猛喝鐳水，喝到他的下巴都被切除之後，這種危險的「保健飲料」才被嚴令禁止。

一九三四年，瑪麗・居里死於再生不良性貧血（按：指骨髓未能生產足夠或新的細胞來補充血液細胞。一般貧血是紅血球數量低，但患有此病的人則是紅血球、白血球及血小板數量皆低）。她的長女伊雷娜・約里奧—居禮（Irène Joliot-Curie）生在母親剛開始研究鈾元素放射性的時候，長大後她也研究放射性元素，並在一九三五年獲得諾貝爾獎，一九五六年死於白血病。後人普遍認為，她們患病去世一定與接受高劑量輻射有關。

核物理學家，時不時就去摸一下放射性元素

後來研究原子彈的科學團隊中，也有人不少面臨相同的命運，特別是最早期的研究人員。例如美國「曼哈頓計畫」裡，隨便數也有羅伯特．歐本海默（J. Robert Oppenheimer）、費米和費曼等後來死於（懷疑與接受輻射有關的）癌症。

說起洛斯阿拉莫斯國家實驗室，真的是很可怕。雖然當時的物理學家們，已經很明確知道放射性物質的危害，但那畢竟是人類第一次面對質量和純度都相當高的放射性元素，因此有許多細節沒注意到。甚至，有些危險還是他們自己製造出來的。

洛斯阿拉莫斯國家實驗室的某個房間裡，放著一顆鍍銀的鈽球，位置很顯眼，來訪者一眼就可以看見。鈽是自然界中存在的最重元素（比它更重的元素都是人工合成），會自動發生裂變，鈽—239是原子彈的主要成分，投到日本長崎的胖子（Fat Man）原子彈內核就是鈽。而鈽—238沒有鈽—239狂暴，它會平

▲ 胖子原子彈模型。胖子是至今為止歷史上第二次，也是最後一次對人類使用的核武器（第一次為投放到日本廣島的「小男孩」〔Little Boy〕）。

穩的裂變和發熱（無人太空船和探測器使用的核能發電，主要就以它為燃料），當然，也附贈大量輻射。

洛斯阿拉莫斯位於高原上，氣壓比較低，鈽的發熱量比平原上更大，這個球摸起來也更溫暖。重點是，它就一直在那裡散發溫暖！沒人想過要拿東西把它蓋起來！每個人都淡定的在它旁邊走來走去，有時還要去摸摸它！（不然怎麼知道它是溫暖的？）

當時人們對「輻射」這個詞的反應，與現在相比可以說是兩個極端：現代人簡直談輻射而色變，只要有輻射一律反對，恨不得住在法拉第籠[42]（Faraday cage）裡，連手機電磁波都要疑神疑鬼。其實你只要搜尋「游離輻射」（ionizing radiation）就知道，大多數的緊張都沒必要。什麼是游離輻射？就是能量高，可以從原子或分子中作用出至少一個電子，最常聽到的應該屬X射線（X-ray，又稱X光）。游離輻射需要我們小心迴避，盡可能不接觸。但我們日常生活中常遇到的可見光、紅外線、微波、無線電波的能量都太低了，跟可怕的游離輻射完全不同。

42　指由金屬或導電體（能讓電流通過的材料）形成的籠子，可以有效遮罩外電場的電磁干擾。由於法拉第籠的靜電屏蔽原理，在電梯這種金屬籠子裡，如果沒有中繼器（將輸入訊號增強放大的裝置）作用的話，當電梯門關閉後，裡面就收不到任何電子訊號；在飛機、汽車等交通工具中的人不會被雷擊，也是相同原理。

再說，有壓力的人更容易生病，姑且先不細談，但如果自己把自己嚇出病來就不划算了。平心而論，接觸大量輻射當然對人體有害，但它產生的危害是隱性而緩慢的，不像劇毒的化學藥劑會當場生效。瑪麗．居禮在一八九八年發現釙和鐳，以她當時毫無防護的情況下接觸的劑量，一九三四年才去世，而且這期間生下的二女兒艾芙也並沒有健康問題（艾芙甚至活到高齡一百零二歲）；費曼去世在一九八六年，而歐本海默比他早一點，但都是在曼哈頓計畫結束之後十幾年。而且，我們日常偶爾遇到的輻射量，和他們當時接觸的輻射量，顯然不能相提並論。

當然，癌症實際上因人而異，基本上是看基因和運氣。面對同一個誘因，有人反應很大，有人壓根無感；有人反應快，但有人反應慢。雖然說不必太過緊張輻射，但也不能毫無防範。只不過，要說少量輻射和菸不離手哪個傷害更大，恐怕還是後者。

輻射對身體帶來的損害是隱性的，病毒則通常立竿見影，一旦奪命不但快，而且多。流行病學家成天面對的，就是「瓶中的惡魔」，其中一些病毒甚至已在世上絕跡，只存在於實驗室中。

比方說天花，曾經被描述為「所有死亡使者中最可怕的一個」，在地球上肆虐上千年，才奪走幾億人的生命，直到免疫學之父愛德華．詹納（Edward Jenner）發明了牛痘接種法，才讓人類擺脫這個可怕的夢魘。如今，天花已經被消滅，只有少量的病毒樣本保存在實驗室裡。一九七七年，伯明翰醫學院發生天花病毒洩漏事件，醫學攝影師珍妮特．帕克（Janet Parker）感染這個可怕的疾病而去世，成為世界上最後一個被天花奪走生命的人；而負責這個實驗室的病毒學家亨利・貝德森（Henry Bedson）因為這個事故自殺身亡。

二〇一四年在西非爆發的傳染病——伊波拉出血熱（Ebola Hemorrhagic Fever），其病毒更是異常危險。伊波拉病毒是一種人畜共通的病毒，其可怕之處在於致死率非常高。當時一篇發表於《科學》（*Science*）雜誌上，討論這次伊波拉疫情傳播的論文，合著作者中就已經有五位感染伊波拉病毒而去世。

病毒致死率和傳播效率常常成反比，如果一種病毒太快讓宿主死亡，由於病毒無法長時間脫離宿主獨立生存，相當於就是與宿主「同歸於盡」，它來不及找到下一個宿主就死了。但反過來，如果一種病毒能夠與宿主長期共存，雖然對宿主的危害變小，但從病毒的角度來說，自己卻得到更多的傳播機會。

03 成名的機會來臨，你得抓得住

大概從二十世紀初開始，理論物理學家和實驗物理學家分道揚鑣，就像是金庸小說《笑傲江湖》中，華山派分出的劍宗和氣宗，兩邊各有自己的絕活，想橫跨理論和實驗，簡直比跨到別的學科還難。伽莫夫曾經非常精闢的總結：「只要根據一個理論物理學家，在觸摸精密儀器時造成儀器損害的程度，就能判斷他學術地位的高低。」

不過，這句話還有後半：「以此為標準的話，沃夫岡．包立算是最出色的那一個。只要他經過實驗室，那裡的設備就會破裂、粉碎或燃燒。」這個與物理學家相關的非物理現象，有一個專有名詞，那就是著名的「包立效應」[43]。

不論包立走到哪，實驗儀器都會失靈

這倒不是伽莫夫的一家之言，雖然他一向以專職漫畫家、兼職物理學家的形象出現（按：

伽莫夫是位優秀的科普作家，一生正式出版的二十五本著作中，有十八本是科普作品。他為了向一般讀者傳達科學概念，會為自己的書繪製插圖）。包立效應之所以如此大名鼎鼎，是由於包立對實驗物理學家們的威懾力而導致。他似乎真的有那種只要站在實驗室裡，就能把別人實驗儀器搞壞的本領，而且這種本領在針對他自己時會完全失效。

包立效應闖的禍堪稱罄竹難書，大到毀掉實驗室儀器，小到別人好好坐著的椅子突然垮掉，雖然其中或許幾分真、幾分假，恐怕當事人自己也說不清楚。不過我們知道的是，**包立的朋友奧托·斯特恩**（按：Otto Stern，德裔美國核子物理學家、實驗物理學家，一九四三年諾貝爾物理學獎得主）**就謝絕他進入自己的實驗室**。

此外，某次哥廷根物理實驗室裡的儀器忽然失靈，大家都非常詫異：包立沒來，怎麼可能壞掉？他們寫信給包立告知這件事，結果，他高高興興的回信說：「我那時正坐著火車，從蘇黎世去哥本哈根，算

▲沃夫岡·包立，此圖約攝於1945年。

43 說到包立效應，其實物理學家楊振寧也不遑多讓，他曾被同學取笑：「哪裡有爆炸，哪裡就有楊振寧。」

算時間，正好停在哥廷根月臺上……。」看來，包立對自己毀壞實驗儀器的名聲不但很有自覺，而且津津樂道。

有次他跟友人出行，半路上車拋錨了，朋友開玩笑用包立效應抱怨他，他一本正經的反駁：「包立效應是損人利己的，但我自己在這件事裡也吃虧，可見這跟包立效應沒關係！」另外，也有一些故事可能就純屬附會了。某次，包立參加學術會議，聽完別人的報告之後，毫不客氣的上臺批駁其中的錯誤[44]。他說到高興時，手裡的粉筆遙遙一指那位出錯的學者，只聽見喀一聲，對方坐著的椅子瞬間就垮了！

這個故事到這裡都是真的。但下一秒鐘，伽莫夫就跳起來大喊：「包立效應！」愛開玩笑的伽莫夫正好就坐在那位學者身後，究竟是天災還是人禍，大概只有天知道。

這個弄壞椅子的故事，後來還衍生出別的版本：包立某次坐到兩位女士之間，結果他才剛坐下，那兩位女士的椅子就垮了。

包立只活了短短五十八歲。要是他能像朋友海森堡那樣活到七十六歲高齡，這個故事大概還能再多十來種說法。

包立的壞運氣只會帶給別人，而且都是無傷大雅的小事。但另一位科學家，則是真的被厄運纏身，在惡劣的時局中不斷遭逢不幸，其遭遇簡直是聞者傷心，見者流淚。命運對待他之殘忍無情，恐怕寫成小說也會有讀者大罵：這不合邏輯！

我沒有權利，得到生活帶給我們的所有好事

馬克斯．普朗克，德國科學界的頂尖人物，一手揭開量子革命的序幕，作育英才、桃李滿天下，德國最著名的科學研究所，就是以他的名字命名（按：指馬克斯．普朗克學會〔Max-Planck-Gesellschaft〕）。

普朗克的人生原本是很美滿的，住在有大花園的郊區住宅，有四個可愛的孩子，週末時還會在家辦風雅的室內演奏會，常到他家演奏的有個包括愛因斯坦在內的三人組，每個人都具備接近專業的演奏才能。普朗克甚至還會作曲，寫過一部歌劇，也認真學過對位法（按：音樂創作中，使兩條或更多條相互獨立的旋律同時發聲，並保持融洽的技術，是作曲的必備技

▲馬克斯．普朗克，此圖約攝於1933年。

44　對錯誤和犯錯的人像秋風掃落葉一樣嚴酷無情，是包立的另一大特色。費曼還在當研究生時，第一次上臺演講，就因為包立坐在臺下，以至於他拿講稿的手因緊張而抖個不停。

巧）。樂理跟數學頗有相似之處，科學家學習作曲，大概也有事半功倍的功效。

降臨到普朗克身上的厄運，以夫人的去世為開端，接著是戰爭帶來無窮無盡的壞消息。在一戰期間，凡爾登戰役[45]奪走了他長子卡爾（Karl）的生命，而且有消息說卡爾罹患憂鬱症，在戰場上有自殺的傾向，根本沒打算活下去；次子埃爾溫（Erwin）因為被俘，逃離陣亡的命運，但是他被俘的消息拖了很久才傳回來，在那之前讓人提心吊膽很久。此外，他還有一個侄子在戰爭中陣亡，這位侄子不僅是物理學家，還是家裡的獨生子。

儘管如此，普朗克還是平靜面對命運，他甚至還能去安慰朋友瓦爾特．能斯特（按：Walther Nernst，提出熱力學第三定律，因此獲得一九二〇年的諾貝爾化學獎），因為能斯特在這場戰爭中失去了兩個兒子。

但是，厄運還沒結束。他有一對雙胞胎女兒格雷特（Grete）和埃瑪（Emma），格雷特遭遇難產，只留下嬰兒，自己沒能活下來。後來，她的丈夫娶了埃瑪為妻，但不幸的是埃瑪在第二年同樣遭遇難產，留下嬰兒後去世。

一九一八年，第一次世界大戰總算結束。這年，普朗克拿到諾貝爾物理學獎。經歷過戰爭，這時他已經改變了對人生的看法，他寫信給一個侄女：**「我們沒有權利，得到生活帶給我們的所有好事；不幸是人的自然狀態，但不是不可避免的狀態。」**這位悲傷的父親，現在只能透過撫養兩個外孫女，以及全身心投入工作來尋找慰藉了。

戰後的柏林百廢待興，大眾交通經常罷工，讓他不得不從近郊的家裡，步行兩小時前往市中心的工作地點，但他也泰然自若，不以為苦。這種鎮定，鼓舞了當時德國科學界的同事們，普朗克成為大家的精神支柱。

但是好景不長，德國作為一戰的戰敗國，經濟遭到嚴重打擊，馬上面臨通貨膨脹。嚴重的通貨膨脹，摧毀了對科學的一切資助，別說買設備，就連買份科學期刊都變得困難重重。大家又開始陷入絕望。

當時的德國科學院有多窮？通貨膨脹有多嚴重？舉個例子說明：某次，普朗克需要離開柏林去外地出差，科學院撥給他一小筆經費，當作他這趟旅行的全部開銷，但就在火車從這站開到那站的過程中，這筆錢就已經貶值到連一晚的旅館都住不起了！當時已經六十五歲的普朗克，只好在車站的候車室裡過夜。大家殫精竭慮，拆東牆補西牆，努力堅持著科學研究工作。可是，另一個巨大的陰影又逐漸逼近——希特勒上臺了。

身為科學界的領袖，普朗克眼睜睜看著「德國數學物理學的花園，在一夜之間變成荒漠」，

45　第一次世界大戰中破壞性最大、時間最長的一次戰役，戰事從一九一六年二月二十一日持續到十二月十九日，德、法兩國共計投入一百多個師的兵力，造成約三十萬人死亡、四十多萬人受傷。

優秀的科學家紛紛因為種族迫害而不得不離開，他內心的痛苦可想而知。同時，他擔任學會的防護罩，盡一切可能保護學會成員，但是為了保護而做出的種種妥協，又招致海外同行們的譴責。普朗克在八十歲的高齡退休，隨後在全國旅行和演講，依然樂觀的想鼓勵和安慰其他人，而且身體和精神一樣強健，依然可以登上海拔三千公尺以上的高峰。

可是，你以為厄運就這麼結束了嗎？

隨後，第二次世界大戰爆發，在一次空襲中，普朗克的家被夷為平地。圖書、日記和信件，一切可供紀念的東西都沒辦法從廢墟中搶救出來。同時，又傳來他其中一個外孫女試圖自殺的消息。接下來，普朗克與元配所生的二兒子，在一戰中僥倖逃生的埃爾溫，被認定密謀暗殺希特勒。當時，一旦被定下這個罪名，就必死無疑。普朗克尋求他能找到的一切幫助，試圖減輕判決。有天他得到好消息，表示很快埃爾溫就會被赦免。結果，五天後埃爾溫就被處決了，沒有留下任何的遺言和遺物。

這個最後打擊，終於把普朗克變成一個老人，不久後他幾乎連路都不能走了。屋漏偏逢連夜雨，他家附近淪為戰場，他只好躲進樹林，睡在草堆上。幸好，哥廷根的物理學家們知道這個情況，趕緊呈報，普朗克才得到美軍的營救。但是，他在醫院待了幾個月之後，又一拐一拐的上路，以八十九歲的高齡、坐著沒有暖氣的火車，繼續他的演講。

有人問他為什麼要這樣做，普朗樣回答：「我已經八十九歲，不能在科學上有什麼新成就了。而我能做的事，就是關心以我的研究為基礎的後續研究進展，以及透過不斷到各處演講，回應那些為真理和知識而奮鬥的人，特別是年輕人。」

運氣只會把機會帶到你眼前，要靠自己抓住

有人運氣差，就有人運氣好。古羅馬大詩人奧維德（Ovid）說：「好運難得屈尊和天才做伴。」不過，科學史上也有一些好運大爆發的時刻。運氣夠好的人，就是能在無意間碰到驚天動地的發現，還有人幫他解釋那到底是什麼。

一九六四年，貝爾實驗室的兩個年輕工程師——阿諾．彭齊亞斯（Arno Penzias）和羅伯特．威爾遜（Robert Wilson），他們的任務是要修改一座特殊的號角形天線。當一切完成、開始測試之後，不管怎麼調整，就是沒辦法清除一個約為絕對溫度三度的神祕雜訊。他們仔細搜尋環境中任何可能的噪音源，甚至還趕走附近一窩倒楣的鴿子，但雜訊依然如故。於是，他們以「額外天線溫度」為主題，寫了一篇論文，發表在《天文物理期刊》（*The Astrophysical Journal*）上，整篇的主旨就是我們發現這個東西，可是不知道它是什麼。其實，當時距離天體物理學家預言宇宙微波背景輻射的存在，已經有十七、八年，可是他們並不是物理學家，不知道這件事。

不過，他們不知道也沒關係，有人知道就好。有一次，彭齊亞斯出差開會，遇到一位物理

學教授，就談起這個發現，向他請教。物理教授默默聽完後，給了他一組電話號碼。那是普林斯頓的天體物理學教授羅伯特．迪克（Robert Dicke）的電話，他是大爆炸理論的專家，指導的學生中有後來提出宇宙暴脹理論的阿蘭．古斯（Alan Guth）。據說，迪克接到電話後，對學生們說的第一句話是：「孩子們，我們被挖到了。」

隨後，物理學家們也在《天文物理期刊》上發表文章，指出彭齊亞斯和威爾遜發現的東西，應該就是宇宙微波背景輻射。後來，兩位工程師獲得諾貝爾物理學獎（一九七八年），解釋的幾位物理學家則沒有得獎。

倘若當時他們沒有那麼嚴謹檢查噪音源，或彭齊亞斯沒有抓住機會請教那位物理學家，事情的發展就完全不一樣了。**運氣只會把機會帶到你眼前，但是要抓住機會，還是得靠自己。**

04

健康誠可貴，工作價更高

傑出科學家通常也是工作狂，每天工作十幾個小時，往往是家常便飯，因為在他們看來，工作遠比所謂的娛樂有趣多了。對有些人而言，工作雖然會讓他們不太健康，但能維持活躍而長壽——從不運動、吃東西有一餐沒一餐、做實驗很多天不睡覺，還長期吸入鍊金術的各種有毒氣體，做盡種種嚴重違背養生準則的行為，究竟是什麼優良基因，讓牛頓居然活到八十五歲。

而且，據說牛頓竟然還逃過對英國男士來說近乎詛咒的髮際線磨難：雖然他的頭髮從三十歲起就白得差不多，但一直到老都還又厚又軟，髮量驚人。

另外別忘了，牛頓還曾經拿針戳自己眼睛，長時間盯著太陽看以至於眼花了好幾天，做了許多對眼睛有傷害的事，還能一生耳聰目明，到老都不用戴眼鏡。

這世界真是太不公平了！

人比人氣死人的另一個例子，就是艾狄胥了。他一輩子很少睡超過五個小時，咖啡當開水喝，還經常會在凌晨五點敲朋友的房門，劈頭就是一句：「設P為任意質數……。」他毫無生活常識，也沒有規律作息，不攝取足夠營養，視力差，欠缺運動能力，大半輩子沒有安定下來，總是全球飛來飛去。差不多從三十多歲起，朋友們就覺得他隨時都可能掛掉，可是他就這麼一直精力充沛的活著，為了提神還服用興奮劑（按：艾狄胥為了能長時間工作，除了喝咖啡之外，就是靠服用安非他命維持精神）。

有次他的朋友葛立恆看不下去，想幫助他戒掉興奮劑，於是跟他打賭：要是他能一個月不使用興奮劑，就給他五百美元。艾狄胥乾脆的答應了，堅持了一個月後，拿走葛立恆的五百塊錢，然後說：「我跟你打賭，只是為了證明我的意志可以做到這一點。可是你看，這一個月我都無法好好工作，你讓數學的發展停滯了一個月！」接著，他又開始吃非法的抗疲勞藥物，繼續推動數學發展。

科學家之大敵：肺炎

對有些人來說，後面接著的當然是「對另一些人來說」，而這「另一些人」就比較鬱悶了：明明有人怎麼找死卻都不會死，為什麼我們就這麼倒楣？

和這些倒楣的天才比起來，就算是傳說中艱苦的計算三天三夜後，弄壞一隻眼睛的歐拉，都絕對稱得上是幸運得閃閃發光。他們只是努力工作時不小心著涼，之後就被一場重感冒帶走了，**死神的大招幾乎都是同一個——肺炎**。

嚴格說來，與其說肺炎是一種疾病，不如說是一種症狀，是其他疾病的併發症。比如歷史上有名的「西班牙流感」，帶走了至少兩千萬人的生命，其中多數人的直接死因就是肺炎（和它引發的衰竭）。現代臨床醫學之父威廉．奧斯勒（Sir William Osler），把肺炎描述為「人類死因之王」，要不是發現了抗生素，它可能直到現在還是人類的頭號殺手。而它確實也曾在某種程度上阻礙科學的發展——透過讓天才們英年早逝的方式。

第一個例子，是說出「知識就是力量」的法蘭西斯．培根（Francis Bacon）。他是怎麼染上肺炎呢？他買了一隻雞，跑到冰天雪地的戶外，實驗雪對食物的保存作用。於是，他毫無意外的著涼、染上肺炎，沒多久就過世了。

培根是十七世紀科學革命的先驅之一。在近幾個世紀，科學方法大致可以分為兩大類，一類是培根式的，強調在實驗的基礎上研究，自下而上，收集足夠數量的例證後，再歸納和總結；另一類是笛卡兒式的，認為科學都可以透過物理學還原成數學，關心原理更甚於關心現象。這兩類方法並行不悖，就像科學的兩條腿，不能偏廢。不過，作為科學方法論的雙璧，笛卡兒和培根居

▲ 法蘭西斯．培根畫像。

然也因同樣原因殉職，還真是巧合。

前面曾說過，笛卡兒有個不太同理他人的女王學生，要他在瑞典的嚴冬凌晨進宮幫她上課，導致他重感冒後染上肺炎。必須說，笛卡兒文可提筆寫論文、武可持刀戰海盜，和原本就身體瘦弱的培根完全不同，他之所以會著涼不只是剛好碰上斯德哥爾摩多年來最冷的一個冬天，還因為女王不願意在室內生火取暖。身為現代數學之父，他要是沒在五十四歲的壯年，死在遠離歐洲學術中心的瑞典，接下來的幾十年數學會變成什麼光景，還真是無法預想。

許多人都認為數學家三十五歲之後就變廢柴，這是個誤會。一方面是因為，數學是一項非常需要精力的工作，對大多數人而言，上了年紀之後做出的成果，確實不容易再像年輕時那樣出色；另一方面則是因為**早死的數學家實在太多，拉低整個職業的平均壽命**——其中，結核病「厥功至偉」，阿貝爾、黎曼、拉馬努金等人都是結核病的受害者。數學界真的必須感謝鏈黴素的發明者賽爾曼·瓦克斯曼[46]（Selman A. Waksman），在某種意義上來說，是他拯救了數學界。

不過，有史以來最好的幾位數學家——阿基米德、牛頓、高斯，都很長壽，並且有兩位直到晚年，還不斷達到新的成就（其實，牛頓晚年的戰鬥力也沒有減弱，只是大多投入到跟其他人爭論之上了）。

如果笛卡兒當時有治療肺炎的方法，以他的身體和精力狀況，再維持十幾年的高效率工作應該是沒問題。只可惜，這個美好的可能性無法實現。

笛卡兒愛睡到中午，冬天早上五點起床純屬是不得已而為之。但另一位老師，則是因為不想耽誤學生的時間，暴風雨、身體淋濕了，也不願先換上乾衣服，堅持穿著濕衣服講完課。隨後他就染上重感冒，繼而轉成肺炎，去世時只有三十九歲。

這位讓人感動的好老師，就是數理邏輯奠基人之一，英國數學家喬治・布爾（George Boole），他的貢獻與我們的生活息息相關：所有的電腦語言，都離不開布林代數（Boolean algebra）和布林運算（Boolean algebra）。你正在看的這本書，能在電腦上打出來、編輯和排版、透過電腦印刷等，整個過程都離不開布爾的貢獻。

完美健康、沒有憂慮，就是顆高麗菜

有時候不是天氣捉弄人，而是人自己去招惹冷空氣。蘇聯氣象學家、數學家和宇宙學家亞歷山大・弗里德曼（Alexander Friedmann），伽莫夫的老師，正是在一次乘坐氣象氣球飛行的旅

46 烏克蘭裔美國生物化學家和微生物學家，他發現鏈黴素和其他抗生素。瓦克斯曼首先將鏈黴素用於治療肺結核病人，因而獲得一九五二年諾貝爾生理醫學獎。此外，他還是「抗生素」的命名者。

程中著涼，三十七歲就離開人世。他短短一生中做出的成就非同凡響，不但創立了動力氣象學，還是第一個預言宇宙在膨脹[47]的學者，並且只用一組數學方程式描述宇宙的行為，也就是「弗里德曼宇宙模型」，一直到九十多年後的今天，仍被天文學家們所認可。

說到天文學家，他們才是肺炎的好發族群。為什麼呢？這其實和他們的工作環境有關。天文學家使用望遠鏡觀測時，觀測地點的大氣要盡可能保持寧靜，這樣才不會影響天體的成像。所以，他們在天文臺裡工作時，為了避免溫差而引起空氣流動，必須盡量讓室內和室外的溫度保持一致。也就是說，在近一百年前的天文臺裡，是絕對不允許取暖的。肺炎不是因為受寒，但是受寒生病之後，肺炎就來了。

想像一下，那個時代天文學家們使用望遠鏡的情形：在開始真正的觀測前，要提前一段時間打開天文臺圓頂，讓室內外溫度趨於一致，否則溫差造成的空氣流動，會輕易毀掉拍攝的照片。接著，他們坐到望遠鏡前，仔細調整鏡筒，對準目標，開始長時間的觀測。

天文學家使用望遠鏡時，並不是用肉眼觀看，而是利用對光線敏感的底片來收集天體發出的光，透過長時間曝光能增加獲取的訊息量，比起肉眼所見更多。不過，這就得讓巨大的望遠鏡始終精準對準目標天體，於是，他們就不得不長時間待在望遠鏡前。當時的望遠鏡不像現在可以用儀器控制，因此他們必須不斷微調望遠鏡，以跟上恆星的運動，操縱時還容易出現故障，就必須用肩膀頂住鏡筒，維持望遠鏡的穩定，相當於在室外一動也不動的待上一整夜，夏天就罷了，冬天時絕對是場嚴酷的考驗。

天文學家就是這樣的「受凍專家」，例如哈伯曾經在整夜觀測後自嘲：「我好像一隻凍僵的猴子。」

為了拍攝冬夜最壯麗的星座——獵戶座，先後有兩位天文學家因為肺炎而付出生命的代價。第一位是亨利．杜雷伯（Henry Draper），第一個拍攝到恆星光譜和獵戶座大星雲照片的人，哈佛大學編纂第一部收錄恆星光譜的大型星表，就以他的名字命名，叫《亨利．杜雷伯星表》（*Henry Draper Catalogue*）。杜雷伯是一位醫生，紐約大學醫學院院長，天文學只是他的業餘愛好。不過，他愛到建一座天體攝影用的天文臺，大概也不是一般人能辦到的。可惜，在沒有抗生素的時候，再好的醫生對肺炎也束手無策，所以他在四十五歲時因肺炎去世。第二位是喬治．邦德（George Bond），哈佛大學天文臺臺長，他花了整整一個冬天，待在寒冷的天文臺裡拍攝獵

▲亨利．杜雷伯。

47 這個觀點很快就被美國天文學家愛德溫．哈伯（Edwin Hubble）證實。

戶座照片，隨後染上肺炎離世。

除了工作環境導致的疾病之外，工作過度也常常會摧毀科學家們的健康（本節開頭那兩位是特例）。**而且要命的是，他們自己明明知道這一點，卻毫不在乎**。數學家卡爾・雅可比（Carl Jacobi）有句名言：「高麗菜沒有神經、沒有憂慮，可是它們從完美的健康裡得到了什麼呢？」不過，他自己有段時間因為健康崩潰，不得不暫停工作。

說實話，對他們來說，工作過度簡直就跟青少年沉迷遊戲相同，因為做研究是多麼快樂的事啊！按照愛因斯坦的說法：「將人們引領向藝術和科學的最強烈動機之一，就是要逃避日常生活中，令人厭惡的粗俗和使人絕望的沉悶……一個有修養的人，總是渴望逃避個人生活，而進入客觀知覺和思維的世界。」這樣看來，不工作就會變成高麗菜呢。不過，在選擇不做健康的高麗菜時，要是還能做一個健康的科學家，絕對是再好不過了。

05 跨領域研究，沒有你以為的那麼難

很長一段時間，科學中絕大部分的成果，都是業餘專家研究出來的。最典型的例子是被譽為「十七世紀的亞里斯多德」的哥特佛萊德．萊布尼茲，他的正職是漢諾威宮廷的圖書管理員，兼職是律師和外交官，業餘時間當數學家、物理學家和哲學家，每項都達到頂尖成就。而且，他絕對不是特例，接下來要介紹歷史上最強的業餘天文學家——尼古拉．哥白尼。

經濟學「劣幣驅逐良幣」，最早是哥白尼提出

說到哥白尼，每個人的第一反應一定都是「偉大的天文學家」，這個標籤隨著他身後一個又一個的天文新發現，而變得更加牢不可破。不過，他本人當時可能並沒有意識到這一點，因為**他在世時最為人所知的身分，並不是天文學家。**

哥白尼出生時，正好是波蘭發展的黃金年代，教育發展領先歐洲。他的父親去世得早，因此孩子們跟著當主教的舅舅盧卡斯・瓦岑羅德（Lucas Watzenrode）長大。這位主教不但自己是一位有聲望的學者，和同時代的大學者們也都有良好私交，所以哥白尼在數學、天文學和法學等方面的學問，可能都受到舅舅的薰陶。

他循著和舅舅一樣的求學軌跡，先進入了波蘭本地的克拉科夫大學（按：Uniwersytet Krakowski，為現在的亞捷隆大學〔Uniwersytet Jagielloński〕），接著去義大利攻讀教會法和醫學。前幾年是舅舅替他付學費，後幾年因為加入了舅舅所在的瓦爾米亞（Warmia）神父會，就由神父會付錢，算是「公費留學」，條件是學完回去後，當主教（也就是他舅舅）的法律顧問和專屬醫生。這種條件他當然愉快接受。

當了幾年專屬醫生之後，哥白尼被派去弗龍堡，擔任弗龍堡神父會的財產管理人，他在這個波羅的海的海邊小城一住就是三十多年。位於弗龍堡城牆西北角上的「哥白尼塔」是他的宿舍和工作間，觀測、工作和生活都在這裡。

▲ 哥白尼的舅舅盧卡斯・瓦岑羅德。

哥白尼觀測用的儀器大部分是他自己製作，後來第谷・布拉赫得到其中的幾件，簡直如獲至寶。不過實際上，哥白尼的觀測水準肯定遠遠不如他的晚輩兼粉絲第谷。一方面是由於時代和財力的差異，另一方面則是弗龍堡緯度高，又位於終年霧氣瀰漫的海邊，一年之中只有冬天最冷的那幾天，才能觀測到一點東西。

而且，第谷是專業的天文學家，晚上觀測完了白天可以睡覺休息；但是，哥白尼白天還有工作。他不但是個神父，而且跟弗龍堡其他神父不一樣，他從進神父會開始，就是主教一手提攜，因此被委以重任，很快就做到整個瓦爾米亞教區的行政總管。有段時間他被委任為「尊貴的瓦爾米亞神父會的共同財產管理人」，這個職位擁有弗龍堡兩大莊園地區的行政、司法等方面的最高權力，完全就是個手握實權的大人物，**哥白尼神父甚至親自帶領士兵跟條頓騎士團打過仗！**雖然說中世紀的城堡確實是易守難攻，但他還是打得相當漂亮，守住神父會的財產，不讓亂兵有機會洗劫到這裡。

此外，他還是個相當有經濟管理才能的統治者，對控制物價很有一套，親手編寫過穀物價格與麵包價格的對照表，寫過一篇貨幣研究報告《論貨幣的信譽》（*Monetae cudendae ratio*）。其中主要論述實際價值不同而名義價值相同的貨幣，在市場上同時流通，實際價值高的貨幣將被實際價值低的貨幣所取代，逐漸退出流通領域。簡單的說，就是**「劣幣驅逐良幣」**。**這個概念其實是由尼古拉．哥白尼最早提出！**

到了晚年，哥白尼神父是聞名於整個西普魯士的神醫，救治了無數教區內的百姓。雖然他一直投注精力在天文學之上，最後也是因為天文學的成就，令他在數百年後家喻戶曉，但天文學依舊是他的業餘愛好。

不過，對當時的瓦爾米亞人民而言，他就是有學問的哥白尼神父，和好心的哥白尼醫生。他們並不知道自己敬愛的這位神父，將會開啟天文學新時代，把地球放逐到宇宙的邊陲。

望遠鏡也要自己做，業餘出大師

天文學家這個行業，似乎容易誕生業餘的大師，在哥白尼之後兩百多年又出現一位，這次不再是行政型人才，而是藝術型人才——發現天王星的威廉·赫歇爾（Friedrich Wilhelm Herschel，一七三八－一八二二年），原本是一位音樂家，在教堂裡演奏雙簧管和管風琴，有時還要兼差音樂家庭教師來貼補收入，演出季時每天需要工作十五個小時，經常只能在樂團演

▲ 威廉·赫歇爾畫像。

出中場休息時飛奔回家，觀測個幾眼。直到他發現天王星、成為名人之後，才變成「皇家天文官」，成為領薪水的官方人員，不用再靠演出糊口。

赫歇爾的天文學聲望，除了發現天王星之外，主要就是在恆星觀測上，他因此被譽為「恆星天文學之父」。這主要是因為他高超的自製望遠鏡技藝——完全從業餘開始，經過漫長的磨練和摸索後變成專家。

按照赫歇爾自己的描述，望遠鏡在他心目中的地位，就跟他當初做指揮時，女主角在歌劇裡的地位一樣重要。他也經常拿演出前樂團的調音，比喻調整、測試望遠鏡。巧妙連接音樂與天文，這個傳統上承古老的畢達哥拉斯[48]（Pythagoras）——「宇宙即數，數即音樂」。

不過對赫歇爾來說，身為一名純業餘天文學家，還是有許多不擅長的地方。比方說熔鑄望遠鏡鏡面這件事。音樂和天文固然有一些相通，可是音樂家和鐵匠還真的是完全沒有交集。一開始他找工廠代工，可是後來做的望遠鏡越來越大，工廠紛紛表示沒辦法做，他只好在自家地下室自己做。

這可不是ＤＩＹ手工香皂之類的小事，他要做的是一大面銅鏡！

48 古希臘哲學家、數學家和音樂理論家。數學課本裡學到的畢氏定理，其實就是「畢達哥拉斯定理」。

舉凡後院堆滿了馬糞（當時是用馬糞來做鑄造的模子）、爐子一開好幾天濃煙滾滾、一次又一次試驗適合的合金比例、鑄好的鏡子一冷卻就從中間裂成兩半等，都還不算麻煩。有一次鍋爐裂開，熔化的金屬落到地下室的青石地板上，石板立刻炸裂，碎片飛得到處都是。幸好，赫歇爾身手敏捷迅速逃開，要不然天文學日後的發展，恐怕就跟他沒關係了。

一九八一年，赫歇爾發現天王星的兩百週年這天，位於格林威治（Greenwich）的英國皇家海軍學院舉辦一場赫歇爾音樂會，演出曲目全都是赫歇爾作曲的作品。這位一生發現許多顆雙星（按：兩顆恆星由地球上觀測時，由於方向非常接近，以至於肉眼看起來像是一顆恆星，但從望遠鏡就能分辨出是一對的恆星）的天文學家，自己也是一顆在天文學界和音樂界都閃耀光芒的「雙星」。

直到現在，業餘天文學家還在天文學的發展中發揮重大作用。他們雖不像專業的天文學家，有機會使用巨大的專業天文望遠鏡，但他們的強項在於遍布全球，可以聯合起來進行全天候觀測，所以在火流星、彗星等需要密切關注星空變化的領域，業餘天文學家甚至比專業人士更有優勢。

而和天文學比起來，數學家對業餘人士似乎就沒那麼友好了。

我有一個證明但是寫不下，從此困擾數學家三百年

在歷史上，其實曾有過一位業餘人士，從來沒以職業數學家的面目出現，可是他留給後世的難題，卻著實讓無數職業數學家前仆後繼奮鬥了三百五十八年。他就是專職律師和議會議員，兼職數學家的業餘數學家之王皮耶·德·費馬（Pierre de Fermat，一六〇一－一六六五年）。

說實話，在費馬那個年代，數學家想單靠研究工作來填飽肚子是不太可能的，當時只有牛津大學的薩維爾幾何學教授（Savilian Professor of Geometry）能讓一個數學家安心於數學研究，其他人大多都還得找私人贊助。不過，費馬家裡剛好並不缺錢，他父親是富有的商人，母親是貴族。這種家庭出身的小孩，念了大學之後通常不是經商，就是從政。

而費馬的法官和議員生涯都很順利，倒不是因為他工作多麼出色，而是那時正是鼠疫橫行的年代，不斷有高官染病死去，需要人遞補，所以職位升得很快（甚至費馬自己也曾得過這種可怕的疾病，好不容易才從死神手裡逃脫）。那時候還規

▲皮耶·德·費馬畫像。

定法官不可以參加過多社交活動，以免出現偏袒的判決；再說，當時政局也亂，正好是大仲馬（Alexandre Dumas）小說《三劍客》（*Les Trois Mousquetaires*）所描寫的年代，樞機主教黎希留（Duc de Richelieu）擔任首席大臣（按：相當於現今的總理。黎希留自一六二四年起，執政長達十八年，加強了法國的中央集權，更是三十年戰爭的實際推動者之一），整個法國充滿了陰謀詭計，明哲保身之道就是什麼也不攪和，恰好可以讓費馬把精力都放在數學上。

費馬確實也這麼做，他下班就窩在家裡研究數學。不過，他有個簡直像是惡作劇的癖好：他喜歡「調戲」數學家，寫信給對方說：「我今天證明了某某某定理。」詳細描述定理，但就是不告訴對方是怎麼證明的。這種擺明故意捉弄人的惹事行為，經常讓別人生氣，比如笛卡兒就曾經罵費馬是「說謊的傢伙」，懷疑他根本就沒證明，純粹是捉弄人。從古至今，數學家最痛恨這種人，要不然怎麼會有後世的拉馬努金，他拿著寫滿定理的本子，差點被人當成騙子呢？

不過，費馬有他自己的道理：他從來不發表自己的證明，這樣就可以超脫數學家的圈子之外，不必被別人拿著放大鏡檢視自己的成果，這樣他才能安心又自由，想研究什麼就研究什麼。當初布萊茲．帕斯卡（按：Blaise Pascal，法國數學家、物理學家。壓力單位帕斯卡〔也可簡稱帕 Pa〕即以他之名命名）催促他發表自己的研究成果時，費馬的回答是：「不管我的哪個成果值得被發表，我都不想讓自己的名字出現。」反正，這位議員大概也不缺名望。

費馬的成就，主要集中在數學的三個分支領域：概率論（他是創立者之一）、微積分（牛頓承認他是在「費馬畫切線的方法上」發展出微積分），以及數論，也就是著名的「費馬大定理」所在領域。這個向後世數學家發出的挑戰，原本並沒打算公開，純粹是因為一本頁邊特別寬的書，才得以留存下來——感謝這本頁邊留白特別寬的《算術》（*Arithmetica*），在第十一卷問題八的頁邊，業餘數學家之王留下了他名垂青史的那句話：

「不可能將一個高於二次的冪，寫成兩個同樣次冪的和（按：即當整數 $n>2$ 時，不定方程式 $x^n+y^n=z^n$ 無正整數解）。」

這就是著名的費馬大定理。而在這句話的後面，費馬又加上一句話，完全就是他常做的惡作劇：**「我確信我找到一個十分美妙的證明，可惜這裡空白太小，寫不下。」**

如果你是後世的數學家，是不是覺得這句話很討厭？

不只如此，他這種做法還教壞某些晚輩。比如哈代每次坐船渡海之前，就會發電報給同事：「已解決黎曼假設，回來時將給出證明。」這個電報當然是吹牛，目的只是萬一發生事故，一想到後世的數學家們苦思的模樣，也許他就會覺得：其實，我可以很平靜的面對死亡嘛！

費馬在這本書的頁邊一共寫了四十八條註解。在接下來的三百多年裡，已被一個接一個的攻克，只剩下費馬大定理（嚴格來說，在被證明之前它不能被稱為定理，而是該稱為「費馬猜想」）。直到一九九五年，英國數學家安德魯・懷爾斯（Sir Andrew John Wiles）在《數學年刊》（*Annals of Mathematics*）上發表長達一百多頁的論文（它同時也是史上被最嚴格審核的數學文章），才終於證明了費馬猜想。如果費馬的證明也沿著相同思路的話，頁邊的空白處確實完全寫不下。

06

偉大的發明，常出自無聊的興趣

科學研究往往是這樣：在發現和研究初衷之間，可能相距萬里。**「有的放矢」的理想狀態，在科學史上機率很小，真正重要的突破總是無法預知**。那些無心插柳的奇葩，往往以研究者當初完全沒想到的方式，改變我們的世界。

關於這點有兩個例子可以說明，一是小提琴，一是青黴素。

無線網路，源頭其實是數學家的練習題

十八世紀初，數學家們開始關心小提琴弦的振動問題。說實話，他們只是在練習求解微分方程式，而不是為了提升樂器品質。

問題如下：給你一根理想的小提琴弦，在兩個固定的端點之間把它拉成直線。假設你正在撥動這根弦，當你把它拉開時，它的彈性張力增大，於是產生一個把弦拉回初始位置的力。接

著，你鬆開手，弦馬上在這個拉力的作用下開始加速。當它越靠近初始位置時，彈性張力越小，加速越慢。不過，由於它一直在加速，所以在變成直線之後還會繼續運動。現在張力向反方向拉，弦慢下來，在初始位置的另一邊停止運動。然後整個過程重新開始，假如沒有摩擦力，弦將會從一邊向另一邊永遠振動不停。

數學家的興趣是弄清弦在任一時刻的細節。一七四八年，歐拉出手了，他列出一個偏微分方程式。什麼是偏微分方程式？在這個方程式裡，包含的變化率（按：必須包含兩個單位，一個為基準單位、一個為對應變化單位，例如表示速度的「〇公里／小時」即為一種變化率）不只一個，它不但描述了相對於時間的變化率，還描述了沿弦方向的變化率，因為按照牛頓力學，弦的每一小段加速度，與作用於這一小段弦的張力成正比，而弦內部的張力分布並不是均勻的。

為了這個方程式的解，數學家們曾經吵過好一陣子，不過我們只要記住，最後數學家們成功解決了這個琴弦問題就好：琴弦的振動方式，是許多個正弦波疊加。

解決了小提琴問題，數學家們把興趣轉向鼓。同樣也不是為樂器商服務，而是為了把方程式的變化率再提高一階，變成了「二階偏微分方程式」。這次還是歐拉，他很快又列出描述鼓面的波動方程式，它跟琴弦的不同之處在於，琴弦是一條線，而鼓面是一個面，每一小片鼓面所受到的力，都由所有鄰近的小片鼓面共同決定。

波動方程式出現之後，物理學家們很高興：這個方程式，在哪裡都能用呢！在流體力學裡，它描述水波的形成和運動；在聲學裡，它描述聲波的傳遞；在電磁學裡，它居然可以從描述電磁場的馬克士威方程組推導出來！這樣一來，不就意味著磁場裡有波的存在？同時還意味著電磁波以光速傳遞！所以，光就是一種電磁波囉？

這個從數學形式得到的物理推斷，需要以實驗驗證，於是實驗物理學家們想盡辦法弄出電磁波。接著，發明家們登場了，因為他們發現這個東西非常值得利用！接下來就產生各種專利糾紛、爭名奪利等經濟行為。反正沒多久之後，第一份無線電報成功發送，隨後出現廣播、電視和無線網路。

以上數學、物理學、工程技術和市場經濟之間，冗長又複雜的相互作用，總結成一句話：你看電視、聽音樂、打電話、滑社群媒體時，有沒有想過這一切都是從哪裡開始的？就是來自數學家們的一道練習題。

無心的發現，改變全世界

青黴素的發現是另一個神奇的故事。如果亞歷山大．弗萊明（Sir Alexander Fleming，一八八一－一九五五年）是一個愛乾淨的人，恐怕發現青黴素的人就得換一個了。

並不是說他不愛乾淨，身為一個微生物學家，輕度潔癖絕對算是他應該具備的基本職業素養。但是，他喜歡把常用的東西就近擺放，當時還沒有為了懶人工作狂而設計的工作桌，因此各種培養皿層層疊疊擺滿了他的工作臺，其中還夾雜皺巴巴的香菸盒。

實驗室裡的氣味令人不敢恭維——那時弗萊明正在研究葡萄球菌，雖然名字聽起來可愛，但它不可愛的一點是會散發出難聞的氣味。再加上弗萊明有個習慣，他在完成實驗後不會馬上丟棄培養皿，而是保留一段時間，看看接下來會發生什麼事。你可以想像一下：要是你家一星期不洗碗，廚房會變成什麼樣子？那個氣味再加強數倍，大概就跟弗萊明的實驗室差不多了。

不論如何，弗萊明就是這樣做實驗。有次他外出度假回來，正好某個同事晃過來串門子。兩個人一邊喝茶聊天，一邊漫不經心到處亂看，弗萊明突然看到有個沒蓋好的培養皿裡，長出了藍色的黴菌。這原本也沒什麼特別，這種黴菌是真菌的一種，在任何有機體上都能生長，實驗室裡總難免有微小的黴菌孢子，只要飄落一點點到培養皿裡，就會長出菌落（按：真菌菌落為單一孢子或菌絲，經繁殖聚集所成，肉眼可觀察），而且速度超快。這就是黴菌跟其他生物搶奪食物的生存技巧：搶先一步讓食物變質，別的生物無法食用，它就可以全部霸占。

▲亞歷山大·弗萊明，1943年於他的實驗室。

不過，弗萊明這次發現了一點不同的地方。那個培養皿原本是用來培養金黃色的葡萄球菌，它原本應該鋪滿整個培養皿，可是在藍色的黴菌周圍，金黃色好像對藍色有所畏懼似的，讓出了一圈空間。

沒人知道為什麼，同樣看到這一幕的同事居然毫無反應。也許是因為這幅景象對微生物學家來說司空見慣，以至於他沒有多想一秒；或當時他恰好在思考別的事，注意力只是一閃而過。總之，**只有弗萊明對這種藍色黴菌產生興趣**。他培養了一些藍色黴菌，發現它們很快就把培養皿裡的營養液變成金黃色。而用這種金黃色的液體，居然也能達到殺菌效果。

確定這種黴菌有效之後，接下來需要確定的就是，是不是只有這種黴菌有效。那段時間，弗萊明幾乎是試過了自己能找到的所有黴菌。黴菌這種東西，可不會長在那些讓人感覺舒適的地方，他甚至連朋友的一雙舊鞋子都沒放過。

若干實驗做下來，確定只有這個青黴菌的分泌物才對細菌有殺滅作用，就算是把它稀釋一千倍也仍然有效。奇妙的是，這個東西似乎對動物沒什麼害處，把它注射到動物身上，第二天動物們仍然活得很好。後來人們才研究出來，因為青黴素破壞的是細菌的細胞壁，而動物細胞沒有細胞壁，所以不會受到它的影響。

人類歷史上第一種抗生素就此被發現了，弗萊明事後想起來都覺得不可思議。青黴菌是一種很常見的真菌，食物發霉長毛常常就是它們的傑作，可是他的實驗室裡並沒有它的孢子，可能是從開著的窗戶飄進來，恰巧落到培養皿裡，培養皿裡恰巧長滿細菌，兩者顏色對比還那麼鮮明，讓他可以一眼看到。他為這種物質命名，因為希望大家知道它來自青黴菌，就用了青黴菌的名字縮寫，中文音譯為盤尼西林（Penicillin），而意譯則是「青黴素」。

青黴素是二戰期間的三大發明之一，另外兩個是原子彈和尼龍。其中原子彈的花費最大，集中最多菁英，威力似乎也最可怕；但是，**要論改變世界的能力，還是青黴素更強大**。弗萊明因為這一發現獲得諾貝爾獎（一九四五年），不過對他來說，最大的獎勵應該還是青黴素所挽回的無數生命吧。

電磁波和青黴素的發現，雖然看起來偶然，但也是科學發展到這一步的必然結果——相關知識都已經齊全，而且有許多專家在研究，其中的誰偶然撞上新發現都不奇怪。

不過，還有一些發現，就真的只能用奇葩來形容，這麼碰巧的事，就算是全世界的科學家們都一起來碰運氣，也不見得有人能碰到。

一九八二年，日本物理學家小柴昌俊在廢棄的礦坑裡灌滿水，修建一個用來探測質子衰變的探測器，取名超級神岡探測器。為什麼他想要探測這個東西呢？因為有些試圖統一各種相互作用力的「大一統理論」，預言質子會衰變，如果真的能探測到這種事件，就能證明這些理論至少有部分是正確的。

不過，按照大一統理論的推測，質子的壽命非常長，至少有一億億億（10^{35}）年，所以如果觀測的材料裡有一億億億億個質子，可能每年會發生一次衰變，但還不能保證一定會被探測到。所以，超級神岡探測器建成好幾年，一直沒等到想探測的東西。

一九八七年，銀河系的鄰居——大麥哲倫星雲裡發生一次超新星爆發。這是望遠鏡發明以來，也是現代科學誕生以來，人類第一次目擊到超新星的爆發。在爆發的光線抵達地面的望遠鏡之前，先釋放出的中微子已經來到地面。

中微子是個很奇妙的東西，它幾乎不會與地球物質產生反應，可以輕而易舉穿過地球。正因為如此，它會高速、輕鬆的穿過超級神岡探測器裡的水，速度比水裡的光速還要快。這會導致一種叫作「契忍可夫輻射」[49]的現象，產生輝光，讓人們察覺中微子的痕跡。超級神岡探測器一共探測到十九次這樣的輝光，也就是探測到十九個中微子。這些中微子都來自遠離太陽、朝向超新星的方向，所以一定是由超新星發出的。這是人類第一次探測到來自太陽系外的中微子，小柴昌俊也因此獲得諾貝爾獎。至於他本來到底想要找什麼，已經不重要了。

49　一九三四年，蘇聯物理學家帕維爾．阿列克謝耶維奇．契忍可夫（Pavel Alekseyevich Cherenkov）發現，當在介質中運動的電荷速度，超過該介質中的光速時，會發出一種以短波長為主的電磁輻射，看上去是一種藍色輝光。一九三七年，另外兩名蘇聯物理學家伊利亞．弗蘭克（Ilya Frank）和伊戈爾．塔姆（Igor Tamm）成功解釋了這一現象的成因，這三位科學家因此獲得一九五八年的諾貝爾物理學獎。

值得一提的是，建造探測器尋找質子衰變這樣的設想，當初原本是中、日兩國一起提出。後來，小柴昌俊得到經費資助，中國科學團隊卻沒有申請到經費，而與諾貝爾獎失之交臂。雖說無心插柳柳成陰，但也得先把柳條插下去才行啊！

第五章

一個人太孤單，需要一起進步的夥伴

01

那些年，一起追科學的好朋友

一八七二年，一家俄國猶太人搬到當時普魯士的柯尼斯堡（按：Königsberg，今加里寧格勒〔Kaliningrad〕，位於俄羅斯境內）。

這裡是大師雲集的傳奇城市，誕生過哲學家伊曼努爾．康德（Immanuel Kant）、物理學家古斯塔夫．克希荷夫（Gustav Kirchhoff）和數學家哥德巴赫。歐拉著名的「柯尼斯堡七橋問題」（按：柯尼斯堡市區跨普列戈利亞〔Pregolya〕河兩岸，河中心有個小島，小島與河兩岸有七條橋連接，在所有橋都只能走一遍的前提下，怎麼走才能把所有橋都走過？這個問題後來發展成數學的分支之一「圖論」）就是以這裡的七座橋為原型，它也標誌著數學的一大分支——拓撲學的發端。

現在，這戶人家搬來之後，柯尼斯堡的戶籍冊上又多了一個將會寫入歷史的名字，而河對面的另一戶人家裡，還有另一個天才正在成長。二十世紀最偉大的數學家大衛．希爾伯特，在十歲時迎來了他的畢生好友，比他小兩歲的赫爾曼．閔考斯基（Hermann Minkowski）。

希爾伯特回憶童年，說自己小時候很笨。不過，閔考斯基卻從小就顯得異常聰慧，每當數學老師解題時理解錯誤，而在黑板前石化的時候，班上的孩子們就會異口同聲的大叫：「閔考斯基，去幫幫忙！」

雖然，後來希爾伯特的成就遠高於朋友，閔考斯基則以「愛因斯坦的老師」而被人們記住；但在青年時代，閔考斯基是先成名的那一個：十八歲時，他贏得了法國科學院的數學科學大獎。對當時的柯尼斯堡人來說，這可是個轟動的消息，特別是這個獎項還有一群憤怒的英國人為背景：閔考斯基是和英國數學家亨利・史密斯（Henry John Stephen Smith）共同分享這個獎項。英國人氣壞了，讓他們尊貴的同胞，和一個名不見經傳的德國小孩平起平坐，他們覺得這是一種侮辱。

不過，柯尼斯堡人才不管這些，他們歡呼雀躍。當時，希爾伯特的爸爸鄭重告誡兒子：「冒冒失失的和這樣知名的人交朋友，是很不適當的。」

▲ 大衛・希爾伯特，此圖約攝於1912年。

▲ 赫爾曼・閔考斯基。

但是，希爾伯特沒聽父親的警告，他很快就和閔考斯基成為好朋友。**兩個人準時在每天下午五點，一起在校園裡散步，一邊討論數學問題，這個「數學散步」的習慣後來維持了一生。**

他們兩人先後拿到博士學位，隨後各自分開，不過始終保持通信，不管誰寫了什麼文章都先拿給對方看。這時，希爾伯特開始以數學家嶄露鋒芒，而閔考斯基則漸漸被物理學吸引，脫離純數學的領域，後來才又回到數論的懷抱。

一起研究的好朋友，維持一生「數學散步」

這兩個好朋友一邊為升職苦惱[50]，一邊想方設法調職到同一間學校。但是，這個目標直到希爾伯特功成名就之後才達成。希爾伯特四十歲那一年，得到哥廷根大學的教授職位。同時，他也收到另一所大學的聘請，於是他就向哥廷根大學表示，如果不能另設一個教授席位，邀請閔考斯基的話，我就要走啦！

50 那時他們都還是講師，而德國的講師沒有固定薪水，只能向來聽課的學生收取費用，收入非常不穩定，希爾伯特甚至曾經開過只有一個學生的課。

這一招立竿見影，兩個好朋友終於在哥廷根碰頭。他們興高采烈，終於可以有事沒事都湊在一起討論數學。兩個人一起指導學生，風格完全不同，但是恰好相得益彰。

過去在蘇黎世理工學院，閔考斯基羞怯又有點結巴的講課風格，可是嚇跑過一個叫作阿爾伯特·愛因斯坦的學生，不過在哥廷根，這裡的學生好像很喜歡，他也越來越喜歡這裡，在課堂上開始變得活潑而放鬆。

比方說，有次閔考斯基講到拓撲學裡的「四色定理」，大概是講得太高興，他脫口而出說這個定理還沒有被證明，因為一直以來只有三流的數學家才關心它，待會我證明給你們看！結果，下課時，這個定理沒能被證明出來。到了下一堂課，還是沒辦法證明。就這樣過了好幾個星期，大家都意識到閔考斯基這次大概是失手了。終於有一天，天上電閃雷鳴，閔考斯基「臉色和天色一樣陰沉」走上講臺，嘆了口氣。

「天也被我的驕傲激怒了。」他承認：「我對四色定理的證明也是不完全的。」

附帶一提，四色定理的內涵為：在平面上畫出一些鄰接的有限區域，並用四種顏色來染色，使相鄰接的兩塊區域顏色不同的現象。關於它的猜想，早在一八五二年就被提出，卻直到一九七六年才被證明，使用的是電腦的窮舉法。

有些數學家不肯承認這種暴力解法（按：窮舉法會將所有可能列出，而不是靠計算或推導，因此也被稱作「暴力法」）是一種數學證明，比如艾狄胥就不承認四色定理已經是個定理了——「那不是數學！」

也就是這個時期，哥廷根大學被這一對好朋友，變成全世界學數學的學生心目中的聖地。每個人都聽過這樣的忠告：「背上你的背包，到哥廷根去！」

希爾伯特已經成了大紅人，絡繹不絕的訪客前來他家拜訪。他的管家會引導來訪者到後院，並告訴對方：「假如沒看到教授，請往樹上找。」因為希爾伯特有在戶外工作的習慣，通常都是在後院的一塊大黑板前；但如果一時思路不暢，他就會丟下粉筆，在花園裡騎幾圈自行車，或修剪一下樹枝。

而閔考斯基開始關注愛因斯坦的狹義相對論，他對於這個精彩理論的數學表達居然如此粗糙，而深感遺憾。他知道這是為什麼，因為愛因斯坦的數學就是他教的。於是，他動手為相對論引進了四維時空觀。這時他還不到四十五歲，年輕力壯，剛找到新的研究方向，創造力達到一生中的頂點。

可是就在這時，災難降臨了：一場急性闌尾炎奪去了閔考斯基的生命——週日晚上發病；週二中午時，閔考斯基還要求想見希爾伯特最後一面，希爾伯特聽到消息立刻動身。可是當他抵達醫院時，好友已經去世了。

根據當時的學生回憶，週三早上，希爾伯特向他們通報閔考斯基去世的消息時，情不自禁落淚了。而對他們來說，由於希爾伯特在他們心目中地位崇高，「看到希爾伯特流淚，簡直比聽到閔考斯基去世帶來的震撼還大」。在閔考斯基去世之後不久，希爾伯特整理、編輯閔考斯基的作品集，還出版了當初在「數學散步」中宣布過的華林定理[51]證明。閔考斯基彌留時還記掛著這條定理，但這一次，他已經無法審閱了。

而希爾伯特為這本書寫的題贈是：為了紀念赫爾曼．閔考斯基。

個性相反又相輔，是研究最佳夥伴

科學史上還有另外一對好友，那就是包立和海森堡。和希爾伯特與閔考斯基不同，這兩位是大學才認識的。包立比海森堡大一歲，高兩個年級，曾經幫老師批改過海森堡的作業。兩個人都出身知識分子家庭，海森堡的爸爸是慕尼黑大學（Ludwig-Maximilians-Universität München）的教授，而包立更是有個赫赫有名的教父——恩斯特．馬赫。

不過，兩人性格南轅北轍：海森堡文靜溫和，包立尖刻坦率；海森堡喜歡戶外活動和陽光，包立喜歡晚上泡酒吧和咖啡館；海森堡習慣清晨起床開始工作，包立過了午夜工作熱情才開始熊熊燃燒，工作後習慣睡到中午——大概正是因為這樣的相反又相輔，雖然他們兩位在慕尼黑大學只同窗兩個學期，卻成了一生的好友。

和其他的好友一樣，包立和海森堡也保持密切通信，互相報告自己的突破與進展。他們也會替對方留意合適的工作方向和機會。海森堡到哥廷根跟著玻恩做研究，兼差他的私人助理，就是由這個職位的前任負責人包立推薦的；在發現不確定性原理之後，海森堡寫給包立一封整整十四頁的長信；而當包立得知狄拉克建立量子場論的工作方法時，也第一時間寫信給海森堡，建議他考慮量子電動力學的研究。

包立一生都是個不知疲倦的批評者，他的絕頂聰明更常用在「破」而不是「立」，一旦他察覺海森堡有抱殘守缺、不思進取的傾向，就會火力全開、猛轟一番，這時海森堡總是很樂意傾聽，隨即想辦法改進；當海森堡面對波動力學和矩陣力學之間的矛盾，心裡覺得委屈的時候，包立也是他唯一會寫信傾訴的人。

一九二八年，海森堡在萊比錫當上理論物理教授，和包立兩個人聯手制定了海森堡—包立研究計畫，把相對論量子場論作為突破方向。兩個人還在一九二九年合作一篇不太成熟的論文，開啟了關於波動場中量子力學的緊密合作。這樣的合作持續很長一段時間，特別是在一九三〇年代，納粹統治下的德國學術研究基本上完全癱瘓，還留在德國的海森堡，幾乎只能透過與包立通

51　一七七〇年，英國數學家愛德華．華林（Edward Waring）提出猜想，對每個非 1 的正整數 k，都存在一個正整數 g(k)，使其可以表示為 g(k) 個 k 次方數之和。希爾伯特證明了 g(k) 的存在，但 g(k) 和 k 之間的關係至今無人知曉。

信，保持與物理學界的聯繫。

他們最後的合作是在一九五七年，試圖尋找一個可以作為統一場論基礎的方程式，一開始海森堡以為自己找到了，便把這個公式命名為包立─海森堡公式，在普朗克一百週年誕辰的演講上，向全世界透露這個「宇宙的祕密」──包立勃然大怒，寫信給他，說「我的畫和提香（按：義大利畫家提齊安諾．維伽略〔Tiziano Vecelli〕，英語系國家常稱呼為提香〔Titian〕）一樣好」（本章第三節會再提到這個故事）。

不過，雖然他對這個公式提出嚴厲的批評，但還是鼓勵海森堡繼續進行。此後不久，包立就因病去世了；而海森堡也步上愛因斯坦的後塵，雖然把餘生精力都投注到統一場論上，卻始終一無所獲。

這對好朋友的深厚友誼，可以用海森堡為自己第一個兒子取的名字來證明：沃夫岡，這是包立的名字。

02

同行相忌，專家最喜歡筆戰

這一節要是有副標題，那一定就是：**沒有網路的時候，科學家怎麼筆戰。**天才也是人，當然也有跟同行吵起來的時候，而且這種情況還不少。

他們的招數流派，大致可分為兩派。第一種招數是「你亂說！」，再進化的大招則是「你白目、搞不清楚狀況！」這一派出招簡單、迅速見效，對使用者的身分地位沒什麼要求，但是殺傷力不大，對方完全可以置之不理。當對方個性柔弱時，這招能產生暴擊，重複足夠次數之後可能觸發自信衰減效果。

第二種招數則是「你抄襲！」，再進化的大招是「你抄襲我！」這一派出招就有風險，除非自己聲音夠大或朋友夠多，不然容易被迴力鏢打中，其他人只需要說一句：「你是誰？為什麼需要抄你的？」就讓你一敗塗地。這種招數在有組織、有紀律、有正規出版物時能產生暴擊，面對不會拉丁文的準文盲有奇效，而科學偶像使用此招還有明星加成效果。

第一位吵架專家伽利略，最終被封鎖

科學家成為一個真正的職業，只有三百多年歷史。科學研究從業餘愛好轉為專業工作，是從各類學會和學院的成立開始。那正是法蘭西斯．培根提出「知識就是力量」的時候，從那時起，研究科學的人們開始聚集，增加了彼此之間溝通和交流的機會，當然也就增加了吵架的主觀需求和客觀可能。

歷史上第一個正式的學會是義大利的猞猁之眼學院，很快發展成一個論壇——不是網路上的虛擬平臺，而是實體論壇，大家圍在一起談論問題，真人過招，每一句話都是實名制。史上第一位赫赫有名的吵架專家伽利略，就是從猞猁之眼學院出道，練就一身舌戰群儒的好功夫。

伽利略是「你白目」派的宗師，跟人爭辯問題幾乎沒有輸過。不過，伽利略有一個最大的缺點是過於激進，辯論起來窮追猛打，不到「號令江湖莫敢不從」就不肯停手。一方面是因為科學不講人情世故，在真理面前，一切都要靠邊站；另一方面也是因為伽利略那時家裡經濟境況窘

▲ 伽利略畫像。

迫，急於成名——有了名望才有錢賺，不論哪個時代都一樣。結果他能量太強，最終被教廷軟禁，不許出書、不許教學生，相當於被版主封鎖、黑名單，被迫金盆洗手，退出江湖。

綜合看來，**伽利略的一生是戰鬥的一生，雖然他一個人改變了天文學（用望遠鏡）和物理學（用實驗）的樣貌，但全歐洲的科學家都跟他有交情而無友情。**有個小八卦或許可以作為他桀驁、急躁性情的註解：佛羅倫斯的伽利略博物館，至今仍保留他的右手中指在館中展覽，而且是豎著擺放。

不過，一個人孤軍奮戰的時代已經過去，接下來就是團體作戰、一統江湖的時代了。

想吵贏？得比誰活得久

倫敦的皇家學會和巴黎的法蘭西科學院都已建立，科學家開始有組織；科學史上最偉大的巨星之一，也在伽利略去世的同一年來到人間。艾薩克．牛頓一手改變科學界的同時，也帶來了科學爭辯的腥風血雨。而英倫三島與歐洲大陸、孤立與聯合、英國與法國，這之間地理、文化與政

▲ 艾薩克．牛頓畫像。

治上的差異與矛盾，也為接下來將要上演的史上第一混戰添了一把柴火。

平心而論，**當我們用現代的眼光回顧過去時，往往容易忽略當事人身處的環境，而做出並不公平的結論**。參加爭論有時並不代表什麼，比方說你的臉書首頁被某一話題洗版，你的每個朋友都針對那個問題，跟別人長篇大論爭吵，很少人能忍住不參與評論；而一旦你下了評論，就無法抽身了。因為筆戰這件事，每個人都希望自己說的，是這場爭論中的最後一句話，好像就代表自己獲得勝利。

當然，每場爭論必定會有人說最後一句話，但那跟你的勝利和正確與否，幾乎沒有關係。**決定勝負的關鍵要素，是你得成為這群人裡活得最久的**。

從這個意義上來看，牛頓可是史上前無古人、後無來者的大贏家，他雖然曾經是個險些夭折的早產兒，卻活到了八十五歲，在那個年代來說，這絕對是高壽。那個時候，他的絕大多數對手和夥伴（但是和伽利略一樣，牛頓的朋友實在不多）都早已離開人世，不能辯駁他說的任何一句話了——這是文雅一點的說法。通俗一點說，就是他們一直吵架，吵到死。

當然，牛頓並不是一生下來戰鬥力就這麼剽悍，他也需要「打怪升級」，一開始也吃過不小的虧。如果按時間順序，翻閱牛頓的書信集，就能夠明顯看出他從筆戰新手，進階到一代宗師的過程。

皇家學會的祕書羅伯特．虎克（按：Robert Hooke，因首先提出「細胞」一詞而知名）是牛頓遇到的第一個大魔王。虎克稱得上是「你抄襲」派的開山祖師，據說他在皇家學會裡的口頭禪就是「這我早就想到了！」每次有誰發表什麼新發現，他都要跳出來說這一句，可想而知，他在皇家學會裡的人緣不會太好。而且，這種話說多了就變成「狼來了」的故事。後來，他真的在牛頓之前發現了平方反比定律（按：任何物理定律中，某個物理量的分布或強度，會依距離的平方反比而下降，就可稱為平方反比定律。牛頓萬有引力定律即為一種），卻沒人相信。

說起來牛頓也不是省油的燈，虎克說平方反比定律我早就想到了，牛頓是借鑑了我的筆記！牛頓就把《自然哲學的數學原理》裡，引用虎克研究的說明全都刪除。

此外，牛頓有句名言你一定聽過：**「如果說我比別人看得更遠，那是因為我站在巨人的肩膀上。」**這句話可說是牛頓在虎克這一關的通關宣言，人們常把這句話理解為牛頓的謙虛之言，其實，**牛頓可能是在諷刺虎克的身高**。

而且，牛頓還有個巨大的優勢：長壽，所以他發言機會總比對手多太多。

虎克比牛頓早死二十四年，身後連一幅畫像都沒留下，據說就是被牛頓撤下，他甚至還試圖把虎克留下來的手稿和筆記都燒掉。看來，想徹底惹火一位科學家，最快速的辦法就是指著他的成果說：「這是抄我的。」

牛頓贏了論爭，卻輸掉英國數學界的領先地位

從那之後，牛頓就神功大成，不管是「你胡扯」還是「你抄襲」的大招都靈活運用、舉重若輕，而且他又手持皇家學會這一利器，在接下來的筆戰生涯中，幾乎戰無不勝，只有科學成就與他相當的對手（而這樣的對手，在當時還恰好真的有一個）才能化解他這些可怕的大招。

不過，**牛頓一生中唯一的一次平手，卻間接導致英國數學界在隨後的一個世紀裡，從領袖群倫的位置退下**，落後於歐洲大陸。

這次戰鬥的主題是「誰發明了微積分」，提起話題的是有百萬追蹤數的意見領袖艾薩克・牛頓，英國皇家學會的實際管理者；而應戰的是另一位意見領袖哥特佛萊德・萊布尼茲——他的發文轉載量和粉絲數，都遠比牛頓來得少。

從現在掌握的資料來看，他們兩位確實是各自獨立發展出微積分學，牛頓在先，但是他從來沒有發表過這些成果；萊布尼茲在後，但他研究的過程中，完全不知道牛頓也在做這方面的研究，而他發明的符號更利於交流和書寫，因此一

▲ 哥特佛萊德・萊布尼茲畫像（德國畫家克里斯托夫・弗蘭克〔Christoph Francke〕繪）。

直被沿用至今。

這其實也展現出英國和歐陸科學界工作方式的不同：歐洲大陸上的科學家，已經習慣就某一個問題通力合作，每個人做出一部分的貢獻，而不是把成果都歸於某一個人；而英國還保持著業餘時代的習慣，牛頓更是一個極端的例子，他根本不願意和人討論自己的科學發現，而且總是擔心別人偷竊他頭腦中的成果，甚至因此對發表成果心生恐懼。這在他寫給萊布尼茲的一封長信中可以充分看出，他既需要確切表明自己在多年前，就已經獲得相關的突破，又擔心別人知道他的工作成果會據為己有，於是寫出一串密碼：6accdae13eff7i319n404qrr4s8t12vx，來代表自己對微積分的定義。

這一次，筆戰宗師牛頓對上還是新手的萊布尼茲，萊布尼茲根本沒意識到自己得罪了什麼樣的人物，在他的理解裡，兩個人合作完成某項成果是自然不過的事。不過，牛頓的招數來得很快，首先是在《自然哲學的數學原理》書稿裡聲明自己的優先權，祭出「你抄襲我」大招；隨後，英國的數學家們開始群起而攻之，紛紛在書稿和論文裡表示牛頓說得對。

萊布尼茲一開始沒有用真名站出來，只是匿名投稿反擊，認為牛頓才是剽竊者。但是，這件裝備很快就被卸下，導致戰鬥屈居下風。跟有明星光環加成的魔王戰鬥非常困難，有大批粉絲熱心的為牛頓說話，牛頓甚至還成立一個由他的粉絲組成的委員會，來進行「公平而正式的調查」，至於調查報告，是牛頓自己寫的。

萊布尼茲和他的朋友，數學家約翰．白努利（Johann Bernoulli）反擊，他們也寫了一份報告，寄到歐洲各個學術中心。爭端越演越烈，連國王都被捲入，喬治一世身為萊布尼茲的老東家，指示牛頓寫封信給萊布尼茲，平息這場爭論。但是，牛頓這輩子什麼時候寬恕過別人，特別是在他占上風的時候？所以，這封信只是把他自己寫的調查報告，換個語氣重複一遍，並且依然堅持自己是正確的。

這封信之後，爭端的確暫時平息了，因為萊布尼茲染上重病，再也沒有回覆任何牛頓的指責。從牛頓向萊布尼茲寄出那封密碼長信，到後者去世，這場戰鬥持續了整整四十年。在牛頓看來，他又取得了一場勝利；但是，歐洲的學者拒絕接受牛頓是微積分的發明者，歐陸和英國又接著吵了一百多年。

這一方面是因為，牛頓發明的微積分根本就不是為了給人用，符號既不好學也不好用，以現在的說法，就是操作介面對使用者不友善；另一方面則是在那四十年的戰鬥中，倫敦和歐洲數學界之間的學術爭執，已經發展成意識和流派的陣營爭鬥。結果，英吉利海峽兩岸的哲學和數學思想分裂，延續好幾代，英國數學家拒絕使用萊布尼茲發明的那一套友好符號，以至於在後續的發展中落後對手。**這場發生在史上兩位最偉大通才之間的戰爭，沒有真正的贏家。**

03

不只智慧高，吐槽技能還滿點

前面介紹了吵架專家。不過，另外有一些人不見得很會吵架，但說話也是相當一針見血，一般是對事不對人。甚至，對這之中的某幾位來說，還是個奇妙的萌點。

最典型的例子，大概非包立莫屬。完美主義的聰明人，絕對是世界上最可怕的生物之一。首先，他能發現任何錯誤；其次，他不原諒任何錯誤；第三，他完全不帶惡意，說起挑剔的刻薄話特別理直氣壯，甚至到了咄咄逼人的程度。能夠忍受明察秋毫又一絲不苟的吐槽狂超過十年的朋友，要不是個超級老好人，就必須是對方的超級粉絲才行。

他只有三種評語：錯、徹底的錯、甚至連錯都算不上

當然，有時這兩項其實是兼而有之，比如包立和海森堡這對好友就是如此。包立也許是有史以來最聰明的物理學家（雖然很可惜不是成就最高的），也很可能還是最敏銳的，並且毫無疑

問一定是最毒舌的。

他會在聽完一份報告之後，評價道：「這是我聽過最糟糕的報告。」接著轉頭對另一位同行說：「不過，要是你來講的話一定更糟。」或是跟同事問路，得到解答之後大驚：「原來不談物理學的時候，你腦袋很清楚。」總而言之，沒有最毒，只有更毒，甚至連對唯一的偶像愛因斯坦，都劈頭一句：「愛因斯坦剛才說得也沒什麼錯……。」據說，理查．費曼還是研究生時，有一回要上臺報告，聽說包立教授坐在臺下，僅僅是一個從外套口袋拿出講稿的動作，就因為手抖而費了老半天工夫。

至於包立對待他老友海森堡，就更不用說了，潑冷水時絕對是毫不猶豫。大學時，海森堡和他是學弟與學長的關係，剛認識時包立就勸海森堡：「相對論方面近期沒什麼進展可能，原子物理方面倒是大有機會。」從此，海森堡開啟小弟模式，學長說什麼就是什麼。

即便在海森堡得了諾貝爾獎之後，只要在物理上出錯，還是會被包立大罵一頓，而且不論時間場合。有一次，海森堡挾「諾貝爾獲獎者」之名演講，講完就被臺下的包立當眾劈里啪啦批評了一番，聽得其他觀眾面面相覷。這兩位倒是一點也不在意，物理歸物理，朋友歸朋友，吃完晚飯還是一起去散步了。

但是，包立毒舌歸毒舌，看問題的犀利精準可是有口皆碑。有個看問題幾乎從不出錯的人幫你挑錯，其實很不賴，雖然代價是動不動就一盆冷水直接潑下來。

有時，這冷水還得再琢磨才能理解。比方說，海森堡過早向媒體透露，自己與包立正在合作研究的統一場論基本上已經成功，「只是還差點細節」——這確實太冒失了，至今物理學家們還在為統一場論焦頭爛額呢！包立從收音機裡聽到這個「喜訊」，真的生氣了，於是寄了張白紙給他，附上字條：「我的畫和提香一樣好，只是還差點細節。」至於海森堡是怎麼回信認錯，就不得而知了。

比起朋友，**當包立教授的學生就比較倒楣了**。這位老師眼界太高，要得到他的表揚難如登天。**他有三種評語，視情況不同使用：「錯」、「徹底的錯」、「甚至連錯都算不上」**（按：Not even wrong，這句後來成為物理學家之間的笑話）。最後一種絕對不是沒錯的意思，而是說「甚至連錯的資格都沒有」！**相對的，能從包立那裡得到的最高評價就是「居然沒什麼錯」**，要是哪個學生被他這麼一「誇」，肯定歡天喜地。

包立一生不管是對物理學家還是對物理學問題，幾乎從沒走眼，只看錯兩件「居然沒什麼錯」的事，其中一件是電子自旋。當年物理學家拉爾夫．克勒尼希（Ralph Kronig）發現電子自旋，高高興興把論文拿給包立看，結果被罵了一頓，因為計算不符合相對論。

就是因為「居然沒什麼錯」如此難得，後人才杜撰了一個冷笑話：包立去世後上天堂，看到上帝關於宇宙的構造，思考半天，回答是：「居然沒什麼錯。」

狄拉克的忠告：不知道怎麼結束一個句子時，就不要開始

和得理不饒人的包立比起來，狄拉克的一針見血就顯得客氣多了。他因為小時候被老爸逼著學法語，規定在家裡須說法語，而他完美主義的個性又絕不容許自己開口出錯，所以養成了說話之前先考慮清楚的習慣。

而他這個習慣，在哥本哈根研究所遭受嚴重挑戰——波耳說話是出了名的口音重兼含糊不清，而且一個句子的組織經常是七零八落，跟他說話真的要逼死強迫症。有一次，波耳對祕書口授一篇文章，沒完沒了的反覆修改同一個句子。那時候可沒有電腦，速記都是用鉛筆，多改幾次之後稿子就沒辦法讀。

向來惜字如金的狄拉克默默旁觀許久之後，終於忍不住開口，而且難得的是，這句還相當長：「我在學校裡學過：不知道怎麼結束一個句子的時候，就不要開始它。」

他對波耳如此，對學生有時也一樣。狄拉克絕不是那種會對你苦口婆心、言傳身教的教授，他更希望你能自己想辦法，而他偶爾在方向和方法提點一下。所以，學生要是太纏著他，就會得到含蓄的批評。有次他的學生夏瑪（也就是霍金的老師）興沖沖跑進辦公室找他，向他報告：「親愛的教授，我終於把恆星的形成和宇宙問題連接起來，我跟您說說好嗎？」狄拉克沉吟片刻，回答：「No, thank you.」

其實，應該很能理解夏瑪當時欲哭無淚的心情，對不對？所以，他後來變成另一個極端，成為一位與學生非常親近的老師。

狄拉克是量子革命的成員中，唯一不是生長在德語文化圈的一位。講德語的科學家們往往熱愛藝術，至少擅長一種樂器，還有不少人具備專業級的演奏技巧。而狄拉克則好像對藝術不太有興趣，至少是沒那麼「文青」。有一次，蘇聯物理學家彼得．卡皮察（Pyotr Kapitsa），送給他一本英文版的俄國文學名著《罪與罰》（*Crime and Punishment*），後來問他讀後感，狄拉克回答：「書不錯，但有一章太陽升起了兩次。」

「一句話毀掉小清新」這個技能如果也有世界性獎項的話，狄拉克想必是很有競爭力。

而他對某些朋友的文藝傾向，有時也會表露出不解（都是大家聚集在一起、氣氛熱鬧起來之後，他才會開口，而句子都很長），比如評論他的同學兼好友歐本海默對詩歌的熱愛，狄拉克的看法是：「科學的目的在於令困難事物能以簡單方式理解，而詩歌的目的在於以複雜方式表達簡單事物，這兩者是不可相容的。」

吐槽一定有風險，開口前請先謹慎思考三秒鐘

當然，歐本海默也修練了嘲諷技能，而且比狄拉克還厲害，畢竟他是個詩人嘛！最有名的

一次，大概是他在哥廷根當研究生時，對老師玻恩說的一句話：「這篇文章寫得非常好，真的是你寫的嗎？」

沒辦法，因為羅伯特．歐本海默是在家教嚴格的有錢人家裡養尊處優的長大，十二歲時就發表生平第一篇論文（關於礦物學），在大學裡年紀比絕大多數同學都要小，又從來不缺錢，難免養成強烈的優越感。而太過優越的結果，就是一不小心就會冒犯到別人。

比方說，有次他邀請一位同學與他的太太，和他一起去散步，但是同學太太表示要照看家裡的小嬰兒，不能陪他們出去。這是多麼正當又得體的原因，可是歐本海默大少爺隨口就回一句：「沒關係，那你就在家做農婦的工作吧。」

這位同學沒有當場跟他絕交，為人可真是寬厚。

歐本海默這麼聰明，日後也有強大的領導能力，怎麼會這麼愛得罪人呢？也許，壞就壞在他太聰明，眼裡容不下一粒沙，只要看到愚蠢的事就忍不住要說上兩句，偏偏說話尖酸刻薄，諷刺人的時候還拐著彎賣弄。

喜歡他的人（他的學生可都是他的忠實

▲ 羅伯特．歐本海默，攝於1946年。

粉絲，連他點菸的姿勢都學得唯妙唯肖）當然會覺得：老師真帥！連嘲諷都這麼有內涵！不喜歡他的人則當然是怒火中燒，覺得受到莫大侮辱。

而且，歐本海默吐起槽來是眾生平等、一視同仁的。有一年，他過去在哥廷根的老師詹姆斯・弗蘭克（James Franck），到他任教的加州大學柏克萊分校訪問，開了系列講座叫「量子力學的根本意義」，還聽了歐本海默學生講的一堂課，老教授很積極的舉手提問，不過提的問題表現出他對這節課的內容完全不理解。這時，教室裡某個幽暗的角落飄來一句：「我不想談論什麼量子力學的根本意義，不過剛才這個問題提得實在愚蠢。」

歐本海默一輩子無比敏銳廣博，好像沒有他不了解的領域（他大概是唯一懂梵文的非印度物理學家，目的是方便研究東方典籍），最不擅長的事就是照顧別人的自尊心，想在他面前得到尊重，除非擁有和他相當的智力，否則免談。

這種吐槽的習慣使他樹敵不少，後來在他遭到政治迫害、被懷疑是蘇聯間諜時，雖然絕大多數科學家都堅守節操為他做證，但還是有幾位跟他舊怨未了的人提供對他不利的證詞。所以說，**吐槽一定有風險，開口前請先謹慎思考三秒鐘。**

04 死生契闊，與子成說，學霸的非典型愛情

一五七一年底，二十五歲的天文學家第谷．布拉赫（一五四六－一六〇一年），愛上了平民女孩克莉絲汀（Kirsten Jørgensdatter）。

這個個性高傲、脾氣暴躁的貴族青年，之前曾在一次決鬥中失去了鼻子，據說他發揮自己超凡脫俗的鍊金術本領，用金銀合金做了與膚色全無二致的假鼻子天天戴著。第谷是銜著銀湯匙出生的公子哥，出生在自家的城堡裡，父母都是丹麥望族，衣食無憂、少年成名；在他近三十歲時，國王給了他一整個島來修建天文臺（按：為文島〔Ven〕，坐落於瑞典和丹麥之間的厄勒海峽上，現為瑞典領土，十七世紀前曾被丹麥管轄），人生一帆風順。只是在二十五歲這一年，有了小小波折：父親生病了，於是他暫時結束在外的觀測工作，回家探望。就在父親去世的這一年，他在家鄉認識了克莉絲汀，兩個人很快就彼此相愛。

眼中沒有貴賤之分，愛上平民女孩的貴族公子

第谷是貴族，克莉絲汀是平民，兩個人門第懸殊，不能在天主教堂舉行正式婚禮。不過，**當時丹麥法律裡有一條規定：要是一個貴族男子和一個平民女子，以夫妻的名義住在一起**，並且這個女子掌管著家裡的所有鑰匙，擔任女主人的角色，**三年之後，就承認兩人的貴賤通婚成立**。

三年的時間說長不長，說短不短，不過沒人擔心過第谷會反悔，因為他是個說一不二的脾氣，承諾什麼就一定會做到。他和克莉絲汀共同生活了三十年，直到第谷去世為止，一共育有三個兒子、五個女兒。在這種貴賤通婚的形式下，男方可以保留自己的貴族身分，但女方依然是平民，孩子本來也應該隨著母親的血統，都是平民，沒有資格繼承父親的封地。不過，第谷非常聰明，他把這些孩子全都過繼給妹妹蘇菲（Sophie），這樣一來，自己的遺產拐了個彎，還是回到自己孩子手上了。

這三年間，改變的不僅僅是家庭，還有世界觀。一五七二年，仙后座出現一顆超新星，後來人們把它稱作第谷超新星。這顆突然出現的明亮恆星，昭示著天體並非永恆不變，在遠離太陽和月亮之外的地方，

▲ 第谷．布拉赫畫像。

還不斷有各種變化。托勒密和亞里斯多德構建的宇宙，看來並不正確，而第谷站到哥白尼這一邊。那時，他已經擁有自己的天文臺，開始積累自己精確的觀測資料。三十年後，將有一個視力模糊、身材瘦弱，壓根沒辦法自己觀測的傢伙，根據他這些觀測資料，整合出一個嶄新的太陽系——他的助手兼弟子克卜勒，將會接手他對這個世界的觀察，雖然他沒有一雙明察秋毫的眼睛，卻改變了人們心目中的太陽系版圖。

第谷是望遠鏡發明之前最後一位天文學家，也是最後一位貴族天文學家。他習慣穿著全套貴族服裝觀測天象，據說對待部屬也是帶著貴族氣的傲慢粗暴，以至於去世三百年後，還有人懷疑他其實是被人在飲料裡下毒謀殺的。

可是，他對待平民妻子一往情深、忠心耿耿；而他對同樣是平民出身的克卜勒，不但傾囊相授，還慷慨的把畢生成果託付給對方，甚至在克卜勒單方面鬧誤會離開時，放下姿態寫信邀請徒弟回來，完全不見傲慢粗暴的影子。恐怕**在第谷眼裡，人並沒有貴族與平民之分，只有「笨蛋無人權」的傲慢，粗暴、不耐煩也只針對跟不上自己思路的人罷了。**

雖然存款不多，但更少的是妻子僅剩的時間

第谷和妻子之間的波折，是因為雙方的門第差異。而接下來要談的這一位，則是因為健康

問題，差點沒能娶到自己心愛的女孩。理查．費曼，看似滑稽、愛開玩笑、不夠可靠，但他和妻子之間令人動容的堅持，真的是「死生契闊，與子成說」的最佳寫照。

費曼十三歲時，和第一任妻子亞琳．格林鮑姆（Arline Greenbaum）相識，兩個人堪稱青梅竹馬。當時亞琳是人群中最受歡迎的女孩子，光彩奪目，人人都喜歡她，費曼也不例外，不過他是個羞怯的小男生，沒有膽量告白。那時，追求亞琳的男孩非常多，但是除了費曼本人之外，大家都知道亞琳喜歡的是誰。直到在高中畢業舞會上，亞琳坐到費曼的父母身邊，承認自己喜歡費曼時，這個笨蛋小男生才恍然大悟。

到了大一那年寒假，他們已經約定等費曼完成學業後就結婚。但他們都知道，費曼一定會成為一名物理學家，那麼完成學業所需要的時間就很長了。隨後，費曼從麻省理工學院畢業，前往普林斯頓念研究所，而亞琳在紐約學藝術。她靠著晚上教鋼琴來賺取學費，只要有空和有一點錢時，就去普林斯頓找費曼，並一起共度週末時光。

不過，這種辛苦的生活方式可能損害了亞琳的健康。就在費曼看似前途一片光明時，亞琳的脖子上長了一個腫塊，後來發燒住進醫院。費曼在普林斯頓的圖書館，翻閱自己能找到的所有醫學文獻，覺得亞琳的症狀像是淋巴腺結核，可是醫生的診斷結果卻是霍奇金淋巴瘤（按：為一種淋巴細胞癌變，愛爾蘭演員李察．哈里斯〔Richard Harris〕、微軟共同創辦人保羅．艾倫〔Paul Allen〕皆因罹患此病過世），宣布亞琳最多還能再活兩年。

這時，費曼的博士學位已經是最後一年，他決定馬上娶亞琳，可是學校卻告知他：已婚的學生將沒有獎學金資格。以他們當時的經濟條件，沒有獎學金就不可能一邊念書，一邊維持生活。就在費曼打算放棄學業，去貝爾實驗室或隨便什麼地方工作時，醫生對亞琳的病情做出更正診斷，確定她罹患的是淋巴腺結核。

其實，不管是霍奇金淋巴瘤還是淋巴腺結核，在當時的醫療條件下都是絕症（即便到了現在，霍奇金淋巴瘤也還是絕症，絕大多數的疾病保險都會把它排除在外）。不過，**雖然有點心酸，但結核病對他們來說還算是個好消息，因為這意味著亞琳還能活五年**。於是，費曼繼續完成他的博士學位。但是，來自親戚朋友的壓力又來了：他們都希望費曼不要履行與亞琳的婚約，因為當時根本就沒有能夠控制結核病的藥物，就算他們真的結婚了，也只能有非常有限的接觸，連親吻都被禁止，因為結核病有可能透過接吻傳染。不過費曼還是堅持要娶亞琳，甚至與父母產生衝突也在所不惜。

這對新人結婚的過程很浪漫，有點像私奔。費曼向普林斯頓的朋友借了一輛旅行車，稍微裝修一下，在車後面鋪上床墊和床單。那時亞琳正長期住院，他跑到醫院把她「偷」出來，開車載著她浪漫的旅行，在旅途中結婚。由於疾病，他們只能以互相親吻臉頰當作禮成，而且在結婚之後，他們依然保持著有限的接觸。

結婚後沒多久，費曼參加了著名的曼哈頓計畫，住到神祕的洛斯阿拉莫斯國家實驗室。主持該計畫的歐本海默，神通廣大的替亞琳安排離實驗室最近的療養院，距離洛斯阿拉莫斯「只有」一百六十公里。每到週末，費曼就想辦法搭便車去療養院探望亞琳，在最便宜的旅館過一夜，星期天下午再返回實驗室。

對費曼來說，盡可能省錢是非常必要的事，因為亞琳住院需要不少開銷。雖然亞琳有些存款（那本來是她的學費），但他們還是開始考慮是不是得賣掉戒指了。**不過費曼心裡很清楚，雖然他們存款不多，但更少的是亞琳剩下的時間**。同時，洛斯阿拉莫斯的工作也到了緊要關頭，世界上第一顆原子彈即將試爆。

在亞琳病情最嚴重的幾個星期，她請求費曼不要去看她，因為她的樣子已經有些嚇人。不過，在她臨終的時刻，費曼還是設法趕去療養院，在病床旁陪著她。當時他並沒有表現出任何情緒波動，第二天也照常趕回實驗室埋頭工作。直到好幾個月後，他在城裡一家商店的櫥窗，看到一套漂亮女裝，心裡想著「如果亞琳穿著一定很好看」時，才失聲痛哭（按：費曼與第一任妻子亞琳的故事，曾拍成電影《愛你一萬年》〔*Infinity*〕，馬修．柏德瑞克〔Matthew Broderick〕飾演費曼，於一九九六年上映）。

如果說費曼和亞琳是青梅竹馬，哥德爾與妻子阿黛爾（Adele Nimbursky）的相識則是萍水相逢。二十一歲時，在維也納念大學的哥德爾認識在夜總會當舞女的阿黛爾。阿黛爾比他大六歲，當時已經結婚，沒有受過正規教育，臉上還有一個明顯的胎記。而當時的哥德爾過著優渥的生活，跟哥哥一起住在舒適寬大的公寓裡，哥哥的新車是附近社區裡第一輛克萊斯勒，家裡有專屬司機；兩兄弟還在國家劇院裡有個固定的包廂，學業有成的同時，他們也沒有錯過維也納豐盛的文化饗宴。不論從哪一個角度看，這兩位都是天差地別，根本不可能在一起。

然而，他們真的在一起了。在阿黛爾短暫又不幸的婚姻結束後，學者與舞者之間就開始了漫長的羅曼史。阿黛爾的職業在當時確實很難讓人接受，因此哥德爾的雙親都強烈反對這段關係；直到哥德爾的父親去世之後，他們的關係才見到曙光。而當他們真正結婚，已經是哥德爾三十二歲、阿黛爾三十八歲的時候了。

由於結婚太晚，他們沒有小孩，但是兩個人一起生活了四十年，從歐洲到美國，經歷了二戰的硝煙和冷戰的威脅，在遠離故鄉的國度相依為命。哥德爾生命最後的時光，在醫院裡患上厭食症，只肯吃一點阿黛爾帶去的食物。而當時其實也已經重病纏身的阿黛爾，則在丈夫去世之後兩年，也離開了人間。

05 科學家三特徵：終身未娶、脾氣壞、消化弱

盤點一下本書中提到的菁英們，你會發現：擁有史上最強大頭腦的那些人，有許多都終身未婚。這並不奇怪，因為**「偉大的頭腦需要孤獨」**；而且在歷史上，有很長一段時間，女性幾乎沒機會受到同等的科學教育，天才們想遇到志同道合的女性，機會確實不大。再說，他們之中大多數人的情商，在遇到好女孩時到底能有多少競爭力，也實在是讓人捏一把冷汗。

這些天才科學家未婚、沒有後代，說起來確實是讓人覺得有些可惜的事，特別是現代科學已經證明，人的智力大部分是受遺傳影響（雖然，來自母系的影響似乎更大）。如果他們的天賦能由後代繼承下來，或許科學史的面貌就完全不同。

戀愛運如何，跟媽媽有點關係

談到一輩子沒娶老婆的天才，絕大多數人第一個想到的，必定是牛頓。

牛頓是早產的遺腹子，據說生下來時「小得能裝進杯子裡」，能活下來簡直是奇蹟。他的母親在他三歲時改嫁，把他留給外祖父母照料；牛頓中學時還曾輟學，回家幫忙放牛。

牛頓一輩子性情孤僻，除了十幾歲時似乎喜歡過一個女孩之外，再也沒有羅曼史，或許跟小時候的成長環境還是有些關係。他長大後沒什麼朋友，更不用說交女朋友了；而且，好像也從來沒有人因為他單身而操心著急，他就這麼活到八十五歲。

照理說，牛頓長得不差，從留下的肖像畫就可以看出來。要是懷疑肖像畫有美化嫌疑的話，他還有個國色天香的外甥女，可以佐證他一家人的長相絕對都不醜——牛頓的外甥女，可是倫敦上流社會男士們爭相為之傾倒的大美人。再說，牛頓當時是國寶級人物，地位尊崇、經濟寬裕，他要是想娶太太，應該會有一大堆人排隊要把女兒嫁給他。這樣看來，應該是牛頓自己對成家沒有興趣，至於原因究竟是什麼，就很難說了。

牛頓跟母親的關係不好，不過跟母親關係太好，也不容易娶到老婆。這就得談談數學怪才艾狄胥。

艾狄胥從小就聽母親的話，母親說做什麼他就做什麼。他原本有兩個姐姐，可是艾狄胥出生時，布達佩斯正遭遇猩紅熱大流行；等到艾狄胥夫人生完兒子，從醫院回家時，兩個女兒都染病過世。所以，艾狄胥夫人對他過度看重，寶貝到不肯送他上學，留在家裡自己教。

等到兒子長大後更是不得了，艾狄胥在離家留學之前，甚至沒有自己繫過鞋帶。因為母子感情特別親密，艾狄胥夫人只要一看到兒子身邊有女孩子出現，就會非常緊張。有次艾狄胥和朋友、朋友的女朋友三人在街上散步，從自家樓下經過，艾狄胥夫人看到之後大叫一聲，在陽臺上大聲質問兒子：「那個女人是誰？」直到得到艾狄胥保證說她是別人的女朋友後，才放下心來。

艾狄胥一輩子就跟母親相依為命，照他自己的說法是從來沒有戀愛過。而母親去世之後，他異常悲痛，很長一段時間都得吃興奮劑才能工作。母親過世五年之後，他還常常突然對同事說：「我母親去世了。」口氣就像這件事昨天才發生。

科學家，也身兼神職

而有些人一輩子未婚，是職業所限。例如哥白尼，他是個教士，還是很高階的教士，雖然據說他晚年時跟女管家互有情意，最後還是獨身終老。這位女管家是哥白尼一位老友的女兒，朋友看到哥白尼年紀大、地位尊崇，卻沒有人幫他料理家務，就把女兒送去照顧他。兩個人朝夕相處，家裡也變得井井有條，哥白尼似乎也不是沒有心動過。

其實，當時的神父並非不能結婚生子。但是第一，他那時還在專心修改《天體運行論》；第二，神父會內部爭權奪利的事也不比一般職場少，一直有人想盡各種方法攻擊他。後來，確實有人散布關於這位女管家的謠言，兩個人只能在不得已的情況下分開。

同樣身為教士而終身未婚的科學家，還有遺傳學的奠基人格雷戈爾・孟德爾（Gregor Mendel）。他是因為家境貧寒而選擇做修士，後來在修道院的資助下完成學業，學習的是數學、物理和植物學。不過，孟德爾並沒有因此活在科學界的邊陲地帶，他所在的修道院非常有學術傳統，當時就有兩萬本藏書，僧侶們從事科學研究的相當多。孟德爾花了整整八年時間在豌豆的雜交實驗上，而他得到的結論，任何一本生物課本上都有詳細描述，這裡就不再多說了。

有一派天才相信：保持單身，才能讓思維永遠清晰

據說，集發明家、物理學家與工程師於一身的尼古拉・特斯拉（Nikola Tesla）一直相信，**保持單身才能讓思維永遠清晰敏銳**。所以，他雖然身材頎長、面容英俊，出入美國上流社會，卻一直沒有談過戀愛。他一輩子最接近戀愛的一次機會，是在遇到摩根財團的大小姐安娜・摩根（Anne Morgan）的時候。那時安娜年方二十二，剛從專門培養大家閨秀的女子學校畢業，舉手投足雍容優雅。而且，她對特斯拉頗有意思，還特意拜託朋友約他見面。

不過，特斯拉可不是一般人，他一眼就看到安娜戴著的珍珠耳環——特斯拉耳聰目明、高瞻遠矚，簡直如同通靈一般，走在世界科技前面一百年，但他有一個毛病：強迫症。按照他自己的說法，他的怪癖包括（但不僅限於以下各種怪癖）：凡是做任何需要重複的事，重複的次

數必須能被三整除；屋子裡只要有樟腦，他就會心煩意亂；潔癖到吃飯時，會請餐廳為他準備十八條洗乾淨的亞麻餐巾；吃飯時會下意識數吃掉的食物，走路時會下意識數行走的步數；討厭桃子；一旦看到有小紙屑落到液體表面，就會全身不舒服；就算被人拿槍指著，也不肯去觸摸別人的頭髮等。而在所有這些怪癖和討厭的東西之中，他最討厭的就是珍珠耳環。所以，他在這次類似相親的會面上，對安娜表現得異常冷淡，兩個人後來也沒什麼見面，各自獨身終老（按：特斯拉的故事曾拍成同名電影《特斯拉》〔*Tesla*〕，伊森．霍克〔Ethan Hawke〕飾演特斯拉、伊芙．休森〔Eve Hewson〕飾演安娜，於二〇二〇年上映）。

和特斯拉一樣篤信這個單身理論的科學

▲安娜．摩根。

▲尼古拉．特斯拉，此圖攝於他34歲時。

家說不定不少，比方說劍橋的三一學院，就曾經有個奇特的規定——研究員必須保持單身，直到十九世紀中期，這一規定才被廢除。據說，馬克士威就是因為這個規定才沒留下來當研究員。他晚年時又回到劍橋，創立卡文迪許實驗室，並成為第一任卡文迪許教授。

說起來，卡文迪許也是終身未娶的例子。當然，以他那種個性，對娶老婆的看法大概是多一事不如少一事，既然已經有女管家照料家務，何必需要一個女主人？

不過，保持單身對英國科學家來說，似乎不算什麼，他們有愛好孤獨的傳統，皇家學會歷年來終身不娶的會員比比皆是，創立學會時就有兩位：羅伯特．波以耳（按：Robert Boyle，化學學科的開創者，被後世稱為「化學之父」）和羅伯特．虎克。這兩位是做實驗的搭檔，虎克差不多可以算是波以耳一手帶出來的。波以耳跟卡文迪許一樣，是出身貴族的富二代，大概也是因為生活上不缺人照顧，沒有娶老婆的需求。「波以耳定律」是教科書上一定會出現的內容——在一定溫度下，氣體的壓力和體積成反比。波以耳還首先提出「元素」的概念，在實驗和理論兩方面，都奠定了近代化學的基礎。可能是這個開頭不好，接下來的皇家學會**有不少人都決心娶科學，對普通女子就沒有興趣了。**

跟皇家學會對幹的歐洲科學界，也有類似的傾向。首先談法國人的驕傲笛卡兒，雖然他先後跟一位公主和一位女王相識，而且還有流傳後世的緋聞，但其實一切都是虛構，他一輩子從沒和哪位女性真正交往過。

笛卡兒的好朋友克里斯蒂安・惠更斯（Christiaan Huygens）也跟他一樣。惠更斯是擺鐘的發明者，在光學方面貢獻卓越；他改良望遠鏡之後，發現了土星的光環和它的一顆衛星土衛六[52]，發明的惠更斯目鏡一直沿用至今。惠更斯是大家公子，風度翩翩，喜歡音樂和詩歌，怎麼看都是個可託付終身的好男人，但他一輩子沒娶老婆。另外，還有先後創立柏林科學院和俄羅斯科學院的萊布尼茲，他為漢諾威公爵家編了半輩子家譜，自己家卻只到他這一輩。

也有一些天才終身未娶，是因為去世的時候太過年輕。先不談少年夭折的數學神童，單說那位只活了短短三十九年，做出的成就卻相當於常人三百九十年的帕斯卡。他最有名的軼事，似乎是因為牙痛而失眠，所以思考出帕斯卡定律[53]。不過，他也在其他領域有卓越成就，包括在十七世紀就製作出世界上第一臺計算器。這裡不是要討論跨界天才，只是要說帕斯卡實在太忙！一天恨不得有四十八個小時和科學朝夕相處，才來得及做出這麼多發現，哪有時間談情說愛呢？

最後，以一位專門認證科學家的科學家作結：阿佛烈・諾貝爾（Alfred Nobel）。他為自己寫的自傳只有三句話：終身未娶，脾氣壞，消化弱。

52 登陸在土衛六上的探測器，就以惠更斯的名字命名。

53 作用於密閉流體上之壓力，可維持大小不變，經由流體傳到容器的各個部分。實際應用如液壓千斤頂、液壓起重機、油壓煞車系統等設備。

據說，當年他在全球巡視業務的時候，曾經以五種語言在報紙上刊登徵求助理的廣告，後來收到一封求職信，也以五種語言回覆，讓他大為滿意，面試時更是對這位助理小姐一見傾心，奈何對方已有婚約，他從此沒有再追求別人（按：這位助理為貝爾塔・馮・蘇特納〔Bertha von Suttner〕，奧地利小說家，激進的和平主義者。人們普遍認為是她促使諾貝爾設立和平獎，而她也在一九〇五年獲得該獎項）。

諾貝爾身後沒有指定繼承人，他把巨額遺產用來設立諾貝爾獎獎金，以獎勵為人類做出貢獻的科學家。某種意義上，這大概也算是交付給科學的聘禮吧！

第六章

能力再好，也難敵生不逢時

01

時代，請對天才好一點

說到天才，不論在哪裡都算是稀有生物。所以一般來說，人們都會對天才另眼相待，萬裡挑一的天才犯了一點小錯，只要沒危害到別人，大家多半也就一笑了之。再說，有時候並不是他犯錯，而是他的思考邏輯跟多數人不太一樣罷了。

如果抓著天才跟普通人有點不同的生活細節不放，某天真的需要他們去做普通人做不到的工作時，能找誰來做？是不是有點道理？可惜，有些人就是不明白。

只因為是同性戀，就變成罪犯

一九五二年二月，曼徹斯特警方接獲一起報案。這原本是一起沒什麼特別的竊盜案，報案人把自己丟失的財物列得很清楚，東西並不多，而且他不但指明竊賊的名字，還提供竊賊留下的指紋。這個報案人的名字叫艾倫．圖靈，是曼徹斯特大學的數學教授，皇家學會會員。警方當時覺得這人真是太有條理，不愧是教授，筆錄做好就放他走了。

和偵探故事裡常見的描述不同，英國員警其實是很能幹的。幾天之後，他們就找到了符合指紋的嫌犯。警方接下來詢問嫌犯為什麼會知道圖靈家，而嫌犯表示，他有一個熟人，是教授的「男朋友」。

在當時的英國，同性戀是一種犯罪行為。這條法律是一八八五年制定，已經沿用了半個多世紀，著名作家奧斯卡·王爾德（Oscar Wilde）正是因此而被判入獄。

於是，員警立刻出發去圖靈家。但他們吃驚的發現：只用上一點問話技巧，這位智商可能比他們加起來還要高的教授，居然就全都招了。他們之前做過調查，目前在大學研究電腦的圖靈曾在二戰期間為國效力，參與的是英國與德國之間的密碼戰，所以大家還以為他會跟間諜一樣難以對付。可是，圖靈對他們的問題回答得既詳盡又清楚，甚至還主動提供整整五頁手寫的陳述報告。顯然，他發自內心認為，自己與一位同性你情我願的交往，並沒有什麼不對。

▲艾倫·圖靈16歲時的照片。

但是，**圖靈完全錯判了形勢。在當時的警方眼裡，他已經從被害人變成了嫌犯，甚至連家裡的竊**

盜案都被辯護為「合法」，因為屋主是「嫌犯」，已經「失去了法律的保護」。這種「法律」在現代看來完全是畸形的，但當時的英國就是如此。一週之後審判終結，反倒是竊盜案受害者圖靈，可能要面臨兩年的刑期。

當時的社會歧視同性戀，但圖靈本人其實並不在乎社會評價。在同事或不那麼熟的朋友面前，他總是會故意露出一點蛛絲馬跡，來試探對方是否能接受這種身分。這是他的擇友標準，只有夠理性、能擺脫社會輿論的控制，而從事實本質來判斷是非的人，才有資格做他的朋友。所以，身分暴露對圖靈來說不是什麼問題，但是入獄的話會妨礙工作，這就讓他很苦惱了。

因此，他的律師建議他做「有罪辯護」，也就是承認自己的行為有罪，並在此基礎上試圖減少刑期。圖靈陷入兩難：如果否認自己的行為，就是撒謊；但如果承認有罪，也是非常荒唐。他沒意識到，正是這種總是在尋求一致性的邏輯，讓他在面對現實世界的時候，顯得過於天真。**數學有邏輯，但現實往往不是如此**。

天才並不需要「正常」

審判在三月底進行。圖靈的同事們決定保護他，他們出庭作證，指出他是一位國寶級的數學家，獲得過大英帝國勳章，正在進行非常重要的工作，逼迫他停止工作將會造成難以衡量的損失。最後，法庭讓圖靈在入獄或「激素治療」（按：雌激素注射療法）中選一樣，他選擇了後者，這樣他就可以繼續工作。

但是激素改變了圖靈的身體。他不只發胖，體形也完全改變。這對原本有著運動員身形的圖靈來說，並不是愉快的消息。圖靈原本是個相當優異的馬拉松選手，他曾跑過一九四八年倫敦奧運馬拉松項目的路線，只比奧運冠軍慢十一分鐘。讓這樣的人體驗發胖的滋味，確實太痛苦。

另外，使用激素還會影響思考和學習的能力，雖然這一點在圖靈身上並沒有明顯的表現，但他肯定非常在意思考能力受到影響，甚至比對體形改變還介意得多。**圖靈開始去看心理醫生，還頻繁出國度假散心，讓情報部門相當緊張，因為他的腦子裡可是裝滿了國家機密！**一九五〇年代初的英國社會充滿冷戰思維，在當時人們的心目中，跟社會的絕大多數人保持一致的「正常人」才安全，如果反其道而行，很容易就會被判斷為有「叛國傾向」（後續會提到歐本海默的例子，可以發現美國人的想法也一樣）而遭到監視。只有工作沒有背棄他，同行們對他依然保持尊重，但也似乎很少有誰能真正理解他所做的工作。

「治療」在一年後結束。學校依舊支持他，繼續為他提供教授職位。**從表面上來看，一切似乎都在慢慢恢復「正常」，但這並不是一個天才最需要的。**在五十年來最寒冷的那個降靈節[54]之後，週一的晚上，他在睡前像白雪公主那樣咬了一口沾著劇毒的蘋果，就這樣離開了人世（按：圖靈的故事曾拍成電影《模仿遊戲》〔*The Imitation Game*〕，班奈迪克．康柏拜區

〔Benedict Cumberbatch〕飾演圖靈，於二〇一四年上映）。

圖靈錯在高估了時代。他以一個數學家和邏輯學家的清晰頭腦來判斷社會倫理，不能不說確實「很傻很天真」。在這方面，自命為文明、自由的英國，甚至還不如它的假想敵蘇聯。當時蘇聯最好的數學家安德雷．科摩哥洛夫（Andrey Kolmogorov），也是一位半公開的同性戀，而且他的伴侶是蘇聯另一位最好的數學家帕維爾．亞歷山德羅夫（Pavel Aleksandrov）。數學圈裡都知道他們是一對，雖然他們在人前總是以「朋友」相稱。

不過，這兩位數學家並沒有因此遭受迫害，依然在國內享有崇高的地位，後來還一手創辦了全蘇聯數學競賽——國際奧林匹亞數學競賽的前身。

生不逢時的天才發明家，愛迪生最大敵人

另一個高估時代的科學家，也是一位被遺忘的天才——尼古拉．特斯拉。和他作戰的「看不見的敵人」倒不是僵化又保守的社會觀念，而是已經存在的工業體系。他的兩大全新發明：交

54　基督教的節日，為復活節之後第五十天，傳說聖靈將會在這一天降臨在聖徒身上。

流電和渦輪機，因為需要打破此前已有的標準與規範，而遭到抵制。

特斯拉的遺憾在於他出現得太晚，當時工業化已經初具規模，再想改變標準，自然阻力重重；或者說他又出現得太早，以當時的科學水準和公眾的理解能力，根本無法跟上他的目光和思路。總之，他就是生不逢時。

特斯拉二十八歲那年，變賣了自己的所有財產，帶著現金去美國闖天下，結果剛出門就把錢和車票都弄丟了。於是，他使出渾身解數，一路蒙混過關，橫渡大西洋的時候口袋裡只有五個銅板。但是他上岸後一點也不著急，悠哉的在街上閒晃，看到某家店裡老闆正在為壞掉的機器著急，就進去順手幫他修好了。這舉手之勞讓他拿到二十美元的酬勞，頓時讓特斯拉對這個國家觀感大好——錢真好賺呢！

才怪。真的這麼想，就太天真了。

朋友替他寫的介紹信在行李裡，是寫給愛迪生的：「我知道兩位偉人，您是其中之一，再來就是這位年輕人。」

要是當時愛迪生和特斯拉真的能通力合作，應該會是無往不利的組合：愛迪生擅長的是賺錢、申請專利，以及用宣傳擊垮對手；而特斯拉擅長的是在各種科學領域，做出此前全無預兆的重大發現。

但遺憾的是，他們都不是能和別人合作的性格，短暫的蜜月期之後，馬上就翻臉了：愛迪生原本承諾，只要特斯拉能夠改進發電機，就給他五萬美元的報酬，但是當特斯拉花了好幾個月的時間，把愛迪生公司裡的所有發電機都改造完畢，還幫他加上自動控制系統時，卻領教到了「美國人的幽默」——他一分錢也沒有拿到。

在工業化初期，發明家們想要賺錢，其實並不如我們想像的那麼容易。雖然有大把的空白領域，等著你發明新玩意，但是要把新東西推廣到一般民眾的生活裡，還要讓他們心甘情願掏錢，除非你賣的是保健食品，否則哪有那麼容易的事。

現在我們會在社會新聞上，看到某地居民抗議：「不要核電廠！」、「不要火力發電廠！」乃至「不要變電廠！」一百多年前，紐約布魯克林區的居民也團結一致，反對邪惡的有軌電車進入他們居住的家園。還有報紙編輯煞有介事的警告民眾：乘坐有軌電車，會增加中風的危險。

其次，**發明家之間的戰鬥才是最殘酷的**。特斯拉認為，交流電是人類的未來（雖然他發明的是二相電，與現在我們主要使用的三相電不同）；但是愛迪生錯以為他改進並擁有專利的那一款燈泡，只能用於直流電，於是，他下定決心捍衛直流電的地位，不惜動用分布在美國各地的宣傳機器。其中最可怕的一招，就是付錢給小學生，讓他們到處去抓貓狗，最好是別人家的寵物，每抓一隻給他們二十五美分。接著用交流電把這些小動物電死之後，丟到大街上，用這樣的方式來宣傳交流電是殺人機器，還附帶內容聳人的傳單：「誰要是動用交流電系統，不管功率大小，六個月之內難逃劫數。」

是不是跟現在的「釣魚標題」（按：在網路上，故意用較為誇張、聳動的文章標題及縮圖，以吸引網友點擊觀看文章、影片或貼文）有點像？其實，這種宣傳手法早在一百多年前就被愛迪生玩過了。

愛迪生制定一個聰明的策略，把特斯拉描繪成江湖騙子，因為他身邊有許多令人匪夷所思的東西。例如碳鈕燈（Carbon button lamp），看起來是一顆空蕩蕩的玻璃球，一端連著一小片固體物質，只要通上高頻電流，這顆「鈕扣」就會產生靜電作用，讓氣體分子高速撞擊玻璃內壁，再退回來撞擊鈕扣，每秒鐘往返上百萬次，讓它發出白熱光芒。要是你熟悉電子顯微鏡的話，或許會覺得這兩者之間的原理有點相似：帶電粒子從一個微小的區域筆直射出來，打在遠處的平面上，於是這個微小區域的圖像就被放大了。不過，當時的人們真的很難接受，因為在他們看來，這種東西說好聽一點是魔術，說得不好聽就是妖術。

而在愛迪生眼中，只要是跟交流電沾上邊的東西，全都是跟他作對，都是妨礙他賺錢的邪魔歪道。而且有時候，特斯拉還挺配合他的策略。這個高高瘦瘦的英俊青年，每次做重要實驗時總是鄭重的穿著燕尾服，在美國人看來，這就是刻意造作，跟當時美國的風氣不合，下意識就會產生反感。

有一次，特斯拉發表一張看起來恍如地獄的照片：位於科羅拉多，特斯拉研究球形閃電的基地，辦公室裡閃電橫飛，電弧到處飛閃，而特斯拉坐在閃電的中心，神情安詳的專心工作。這是利用多次曝光技術拍成的照片，閃電橫飛時特斯拉當然不在座位上，但是大家不知道啊！這張照片，再配上特斯拉一貫又難懂又長的深奧文章，立刻就把民眾分成了兩群：一邊是特斯拉好厲害！請收下我的膝蓋！另一邊是特斯拉騙子！你可千萬別被我拆穿！想必愛迪生看到競爭對手居然主動發表這種東西，也會抽著菸斗、止不住笑。

你不記得特斯拉的名字，是因為他幾乎不申請專利

此外，**不只立場上的對立，更大的潛在危險是專利**。在這一點，特斯拉基本上毫無戰鬥力可言，他經常扔出一個發明就忘了，申請專利？他幾乎沒做過這件事。像是李茲

▲ 特斯拉坐在他的「特斯拉線圈」旁，利用多重曝光技術拍成的照片。

線[55]、同步電鐘（按：利用高頻交流電的頻率來校對時間的電子鐘）之類的發明，如果是精明又強勢的愛迪生做出這些東西，早就不知道收多少專利費了；而如今，我們在用這些東西時，甚至不會想到特斯拉的名字。就連交流電的專利合約都被他自己撕毀，因為在高昂的專利費限制下，他沒有辦法推廣交流電。

此外，在一八九三年，特斯拉就做過關於無線電廣播的科學報告，附帶一次接收無線電信號的公開表演，報告被譯成多種語言，在全世界流傳。一八九五年，馬可尼（按：Guglielmo Marconi，義大利工程師，專門研發與改進無線電報設備，一九〇九年諾貝爾物理學獎得主）宣布他「發明無線電」時，使用的設備跟特斯拉報告裡的設備一模一樣，不過他堅持從來沒見過這些報告，只是「心有靈犀」。諸如此類的事還有不少，仔細探究起來，**許多在二十世紀初突飛猛進的科學領域，幾乎都能追溯到特斯拉身上。但是，尼古拉·特斯拉這個名字，在科學界裡被提到的次數卻少之又少。**

再談談渦輪機，它是特斯拉另一個被人忽視的作品。特斯拉發明的無葉片渦輪機，面臨兩個問題：一是以當時的材料科學和製造工藝，金屬強度達不到設計的要求；二是當時的工業系統，都是建立在已有的帕森斯式渦輪機基礎上，而且使用良好，還沒到需要更新的時候。除非特斯拉的渦輪機能便宜幾十倍，不然誰願意換（按：後來，特斯拉將這個想法授權給一家精密儀器公司，此專利後來被應用在汽車速度表等儀器之上）？

對傳說中的「美國夢」（按：American Dream，一種相信只要努力奮鬥，便能在美國獲得更好生活的信仰，許多移民都抱持這種理想前往美國）而言，特斯拉恐怕不是一個好例子。他發明了無線電，別人將其推廣和應用，發明者一無所得；他發明了新的照明系統，應用於城市和工業之上，發明者只拿到一小筆報酬；他發明高頻裝置，應用於醫學儀器——至少，這次他的名字被提到並被感謝了。特斯拉一貧如洗，蝸居在一家小破旅店時，美國電氣工程師協會的會員中，至少有四分之三是靠他的發明才找到工作。這簡直就像是諷刺小說裡的情節，但是它真實發生了。

一九四三年，美國最高法院推翻了承認馬可尼發明權的判決，裁定特斯拉提出的基本無線電專利早於其他競爭者。雖然世界各地的教科書和通俗讀物依然寫著「馬可尼發明無線電」，但是算了，反正特斯拉也沒有很在乎。

一九一五年，盛傳特斯拉即將獲得諾貝爾獎的時候，他曾經說過這麼一段話：「在技術文獻當中，至少有四打著作上寫有本人的名字。這些才是真正和永存的榮譽。而**授予我這些榮譽的，不是輕易出錯的某幾個人，而是萬無一失的整個世界。**」

---

55 交流電通過導線時會產生耗損，耗損值會隨著交流電頻率和導線截面積增加而增加。於是特斯拉想出解決方法：把許多根細絲導線纏在一起。而這種線在德語裡稱作Litzendraht，簡稱Litz，也就是李茲線（Litz wire）。

02

活得不夠久，可能拿不到諾貝爾獎

每年一度的諾貝爾獎頒獎典禮，是科學界的一大盛事。獲獎的科學家們要穿著燕尾服（現在，除了新郎和交響樂團指揮之外，大概就只有諾貝爾頒獎禮才需要穿真正的燕尾服吧），參加瑞典國王出席的頒獎慶典，慶典在斯德哥爾摩晝短夜長的冬天持續整整一週，把諾貝爾的忌日——十二月十日——變成了一個漫長的節慶。

在此之前，全球一千多位各個科學領域的專家，有資格行使自己的提名權利，最後由諾貝爾獎評審委員會遴選出當年的獲獎得主，再以電話通知獲獎者本人（無視時差，往往是在凌晨）。

▲ 阿佛烈・諾貝爾。

而在最終結果水落石出之前，全世界媒體都會拚命打聽各種小道消息，提出各種可靠或不可靠的猜測；而可能獲獎的候選人，則會受到強烈的注目，各國人民七嘴八舌列舉自家候選人的好處，如果最終沒獲獎，可真是舉國失望。

其實，諾貝爾當初會設置這份獎金，用意很簡單：在十九世紀末時，很少有科學家能夠獲得專職研究的機會，他希望這份獎金，能夠給第一流的少數菁英終生生活保障，讓他們能沒有後顧之憂的專心進行研究，所以獎金金額絕對不能太少。為了保障獎金金額，分享獎金的人就絕對不能太多，規定是不能超過三位。

另外，**諾貝爾**本人稱不上是真正的科學家，他比較像是工程師，**關心的是「以具體而非抽象的方式」來造福人類**。所以，科學的獎項只設置了三個：物理學、化學、生理醫學，並且特別說明：**只授予「發現」和「改進」的人**。因此，相對論之類的理論沒資格獲得諾貝爾獎，愛因斯坦獲獎的原因，是光電效應的「發現」。

此外，諾貝爾獎沒有設置數學獎，純粹是因為他更關心實際；也沒有天文學，因為諾貝爾覺得它太虛無縹緲。一九七四年之後，天文學家才搭上物理學的便車，獲獎的原因依然是「技術的改進」：電波望遠鏡的「綜合孔徑干涉」，讓人們可以用許多臺小望遠鏡，實現巨大口徑的觀測效果，大大提高了電波望遠鏡的解析度（按：獲獎者為英國天文學家馬丁．賴爾〔Martin Ryle〕）。至於土壤、海洋和氣象學家，在諾貝爾那個時代都還不算是科學家。

諾貝爾獎從一九〇一年開始頒獎，一開始可真是石破天驚。一方面是因為，當時的獎金非常多，單項獎金達到四萬兩千美元（作為對比：當時劍橋的卡文迪許實驗室，每年經費還不到一萬美元）；另一方面，是當時有一大群十九世紀末的科學巨人可供挑選，每一個都是名聞天下。於是，獎金和獲獎人相得益彰，聲望瞬間飆高。這當然是件美事，但隨之而來的問題就是：聲望越高，就不能鬧出負面傳聞。偏偏負責評選的科學機構——瑞典皇家科學院（The Royal Swedish Academy of Sciences）和瑞典卡羅琳學院（Karolinska Institute）本身的科學聲望並不夠，而在這種情況下，當然就是寧缺毋濫，寧可錯過不可錯發。

所以，**諾貝爾獎的評選，除了要衡量候選人的科學成就之外**，還有幾條為了規避爭議的潛規則：沒辦法區分成果歸屬的不發、還沒得到實驗證實的不發、沒有得到行業公認的不發、有任何科學醜聞的不發。總之，**可能會引起爭議的一概不發**。

此外，還要再加上**獲獎人在頒獎時必須在世**這一條件。所以，做出新發現但年紀已經太大的人，必須有拿不到獎的心理準備才行。

例如奧斯伍爾德·埃弗里（Oswald Avery）發現ＤＮＡ是構成基因和染色體的主要材料，這個發現夠了不起吧？可是，他做出這項成果的時候已經六十七歲，來不及等諾貝爾委員會慢吞吞的找到「實驗證實」就去世了，這個獎項自然也就沒有落到他頭上[56]。

而很早就有新發現的人，也別太高興。做人最重要是不要太超前於時代，尤其是諾貝爾獎這種追求四平八穩的獎項，只要有一個業界資深學者不相信你的學說，你就不會得到承認。至於對方為什麼不相信，有時是因為你的工作太離經叛道，有時是因為你不屬於科學界的主流小圈子，但也有時是兼而有之。

得罪了權威，半個世紀後才拿到諾貝爾獎

諾貝爾獎史上最令人遺憾的姍姍來遲，落在印度裔美籍物理學家蘇布拉馬尼安・錢德拉塞卡（Subrahmanyan Chandrasekhar）頭上。他對白矮星質量上限的研究，是在他還未滿二十歲時就做出的成果，那時候印度都還是英國的殖民地，而他獲獎時則已經是七十三歲的老人了。

一九三〇年，他剛從大學畢業，拿了獎學金去劍橋留學，意氣風發，腦袋轉速快得驚人，關在船艙裡的時間，就拿著一支鉛筆開始計算白矮星質量和狀態的關係。按照錢德拉塞卡自己的說法：「涉及的數學很簡單啊，誰都會算。」但你相信他就太天真了，如果誰都會算，為什麼會

56 不僅如此，還有更糟的：諾貝爾委員會本來已經考慮授予他諾貝爾獎，因為他一生中對免疫化學知識做出許多重大貢獻。但是，DNA遺傳信息的發現實在太過驚世駭俗，委員會擔心出錯，決定等到這件事被證實之後再說。

把獎頒給他？又為什麼那麼晚才把獎頒給他？

具體來說，錢德拉塞卡在船上那十八天研究的是這件事：當時，人們已經發現了三顆白矮星，知道它們的密度很大、溫度很高。假如白矮星和我們的太陽一樣，利用物質的熱輻射來抵抗大質量產生的引力，那麼這個溫度扛不住引力，必然會繼續收縮（天文學家稱這個現象為重力塌縮〔Gravitational collapse〕），而且再怎麼收縮，都沒辦法和那麼大的質量所導致的引力達到平衡，所以支撐白矮星的力必然另有其來源。

那時，第二次量子革命剛完成不久，天文學家利用量子力學的成果做出解釋：支撐白矮星的力，是量子力學裡的「電子簡併」。也就是說，隨著恆星密度增大，電子活動空間受限，就像是被關在一間越來越小的牢房裡一樣。根據不確定性原理，電子的活動空間越小，動量就越大，它「撞擊牢房牆壁」的力也就越大，這個力就是「電子簡併壓力」。正是電子簡併的壓力抵抗了引力的收縮，才讓白矮星能保持穩定。

錢德拉塞卡對量子力學相當熟悉，對電子簡併壓力也早有了解：兩年多前，他就在學校見過來訪的索末菲。不過，這倒不是因為他是個驚為天人的神童，

▲蘇布拉馬尼安・錢德拉塞卡。

主要是因為他的叔叔錢德拉塞卡拉·拉曼（Chandrasekhara Raman）也是位物理學家，並且即將獲得亞洲的第一個諾貝爾物理學獎。索末菲向錢德拉塞卡介紹了量子力學的發展，推薦給他幾本書，外加一篇他自己剛寫好的論文。在那之後不久，海森堡到印度，錢德拉塞卡當了他一天導遊，而兩個物理學家湊在一起，自然也絕不會聊風景。

因此，這啟發錢德拉塞卡思考一個問題：隨著白矮星密度增加，電子的運動速度將會越來越快，最終接近光速，這時必須把相對論效應考慮進去，而當時已有的所有計算，全都忽視了這一點。考慮到相對論效應之後，電子簡併壓力還能扛得住引力嗎？

這種事光想是想不出結果的，必須動筆開始算。計算其實很麻煩，錢德拉塞卡採取的是逐漸逼近策略，一點一點計算白矮星質量每增加一%，會發生什麼情況。不知道錢德拉塞卡有沒有得到一個右舷的房間[57]，但總之他幾乎都悶在船艙裡。在這趟旅途的最後，他得出結論：在不考慮相對論效應的情況下，白矮星的品質每增加一%，電子簡併壓力增加三分之五個百分點，在這種情況下，不管白矮星質量多大都可以一直維持穩定；但考慮相對論效應時，白矮星質量每增加

57 從印度到英國的航線裡，穿越紅海的兩千多公里非常難熬。這裡異常炎熱，在幾乎朝向正北航行的路線上，左舷會遭受一整個下午的西晒，房間跟烤箱差不多，而位在右舷的房間則會涼爽許多。

一％，電子簡併壓力只增加三分之四個百分點，在質量增加到大約為太陽質量的一．四倍時，電子簡併壓力將沒辦法支撐它自己的質量。

也就是說，白矮星的質量是有上限的！

但錢德拉塞卡沒想到，這個結論不但給白矮星帶來大麻煩，也同樣讓他本人陷入麻煩之中。當時，幾乎每一個天文學家都堅信，所有恆星在其生命終點都會變成白矮星，特別是提出這個結論的天體物理學家亞瑟．愛丁頓（Arthur Eddington），他在錢德拉塞卡將要就讀的劍橋，可是一言九鼎的權威。區區一個名不見經傳的二十歲年輕人，研究所都還沒入學就想挑戰學界權威，還想不想繼續混下去？

要是錢德拉塞卡是歐洲人，來自金光閃閃的名校，有一個名聲響亮的老師和一群一看就知道前途無量的好同學，他的意見可能還會得到一定的重視。但是，他是印度人，之前沒人認識他，大學讀的是印度某個學院，完全是遠離學術圈的邊緣人物。

一般來說，像錢德拉塞卡這樣的人，來到大名鼎鼎的劍橋，首先應該做的是逐步建立起大家對他的信心，再慢慢放出自己的研究成果。結果，這個小鬼一來就丟了顆驚天動地的炸彈，提出的問題不但顛覆人們的普遍認知，還被權威學者反對。這樣一來，別說支持他的觀點，就連肯花時間仔細讀他論證的人，都很難找到了。

後來錢德拉塞卡得到機會，在皇家天文臺的例會上發表他的白矮星理論。當他演講完畢後，愛丁頓從座位上站起來，當著座無虛席的觀眾，用嘲諷的語氣對他的理論猛烈批評，以這句話作為開始：「我不知道自己是不是應該光著腳從這個會場逃掉。」最後再以這一句話作結：「對恆星來說，一定有防止這種奇怪現象出現的自然規則。」接下來，觀眾紛紛退場，每一個人從錢德拉塞卡身邊經過的時候，都對他說了一句：「太糟糕了。」

確實是太糟糕了，堂堂英國皇家天文臺，不知道是真的沒人好好學過物理，還是乾脆屈服於權威之下，竟擺出一副華山論劍上，名門正派聯手欺負五虎斷門刀小少俠的架勢。錢德拉塞卡知道情況不對，於是離開劍橋去了美國。他把已有的研究結果寫成書之後，從此把這個課題拋諸腦後。而也正是因為這件事，養成了錢德拉塞卡獨特的研究習慣：看準一個領域，一頭栽進去研究幾年，得出成果之後抽身就走。

直到一九七〇年，人類歷史上第一顆X射線天文衛星烏呼魯（Uhuru）衛星發射升空，發現第一個黑洞的候選者——天鵝座X-1，才讓天文學界開始認真對待錢德拉塞卡當年的研究。

其實，在錢德拉塞卡一九八三年獲得諾貝爾獎之前，他研究的領域之多且雜，絕對是在天文學領域獨一無二。可是，姍姍來遲的諾貝爾獎認可的，卻還是他在青年時代做出的「關於恆星結構和演化的物理過程的研究」。

科學無國界，但科學家有國籍：被納粹牽連的物理學獎

和錢德拉塞卡不小心遭遇阻礙的情況相比，馬克斯．玻恩的倒楣則基本上屬於無妄之災。一九三三年，諾貝爾委員會一口氣頒發了一九三二年和一九三三年兩年的諾貝爾物理學獎。之所以這樣安排，是因為諾貝爾獎獎金最多只能由三個人來分享，而評獎委員會希望能一次表彰第二次量子革命的參與者們。

推測當時大概是這麼劃分：海森堡、約爾當、玻恩三位分享一九三二年的獎金，因為他們三位合作提出矩陣力學。這部分的思想，是由海森堡首先發現，但海森堡對矩陣非常不熟悉，他曾經沮喪的說：「我連矩陣是什麼都不知道！」而玻恩是當時為數不多、熟悉矩陣數學的物理學家之一，他和約爾當兩個人發展和完善矩陣力學的表達。

至於一九三三年的諾貝爾獎獎金，則由薛丁格和狄拉克分享。薛丁格提出和發展了波動力學，而狄拉克則發展出另一種看待量子世界的方式：變換理論。這邊出現許多專有名詞，不過，不了解也沒關係（真的有興趣，可以選修大學物理）。總結來說，這幾位是第二次量子革命的最得力主將，他們每一位都應該得諾貝爾獎，因為他們共同做出改變物理學面貌的貢獻。

這本來是個熱鬧又圓滿的事，奈何科學雖然沒國界和黨派，但人卻有國籍和政治立場。按照玻恩在自傳中回憶，當時大家都認為獲獎是鐵一般不會改變的事實，結果，約爾當卻在頒獎前

幾個月，突然加入納粹黨。在一九三三年這個敏感的時期，諾貝爾獎怎麼可能頒給一個納粹呢？所以，約爾當的名字就從名單中被抹去了。但要命的是，他的工作和玻恩是綁定的，頒獎時不可能只提玻恩而不提約爾當，倒楣的玻恩躺著中了一槍，他的名字也從名單中被拿掉了，最後由海森堡獨自獲得一九三二年的諾貝爾物理學獎金。

這件事不論發生在誰身上，都肯定會生氣，明明是三個人共同的成果，最後的榮譽卻被一個人全部拿走了。而海森堡也很尷尬，特地寫了一封言辭懇切的長信給玻恩。不過這時候要讓玻恩氣消，大概只有海森堡拒領諾貝爾獎，但這怎麼可能？直到二十二年後，玻恩因為對波函數統計的貢獻而獲得諾貝爾獎，這段鬱悶才總算得以終結。

必須「驗證」才能獲獎，理論物理學家吃大虧

但有時躺著中槍跟時局沒關係，而是跟諾貝爾委員會的自尊心有關係。一九二六年，諾貝爾生理醫學獎頒給丹麥的約翰尼斯．菲比格（Johannes Fibiger），原因是他發現「會導致癌症的寄生蟲」。但事實證明，這個「發現」根本是無稽之談，菲比格也就此成為史上最灌水的諾貝爾獎得主，如今已經沒人承認他是獲獎人。

諾貝爾委員會大概是遭受到心理創傷，接下來差不多有四十年都沒再碰過癌症研究這回事。

可憐的是早在一九一一年就發現病毒可能誘發癌症的裴頓・勞斯（Francis Peyton Rous），等了整整五十六年，在八十七歲時才等來自己的諾貝爾獎，倘若他去世得早一點，就真的錯過了。

還有些情況，就只能怪諾貝爾獎的規則不夠與時俱進。諾貝爾當初絕對沒想到，自己的獎項設置不到一百年就過時了。現在的科學研究，不管是專業劃分還是方向，都跟他那個時候完全不一樣，要把現在的科學家，放到他一百年前的框架裡，就產生各種不合適的情況。

例如，現在的生理醫學獎，就經常被人吐槽「既不是生理學，也不是醫學」；而理論物理的大發展，也讓諾貝爾「必須得到實證」的原則顯得尷尬。理論物理學家必須能夠提出一個預言，等待實驗物理學家去驗證這個預言，才有獲得諾貝爾獎的可能。這方面最吃虧的是索末菲，他親身經歷了理論物理學的每一步發展，成果無數，帶出的學生裡有六個諾貝爾獎得主，自己卻始終沒有獲獎——「精細結構常數」這種東西要拿什麼做實證？

錢德拉塞卡的理論，直到發現中子星和黑洞之後才得到認可；而另一位科學家，他預言的「上帝粒子」因為驗證難度的關係，也是拖了將近五十年，幾乎每位理論物理學家都替他打抱不平後，他才終於獲得諾貝爾獎。

這位就是二〇一三年的諾貝爾物理學獎得主，以「次原子粒子品質的生成機制理論」分享獎金的彼得・希格斯（Peter Ware Higgs）。

希格斯的主要貢獻，是提出粒子物理學現在所使用的「標準模型」裡的「希格斯場」，解釋自發對稱性破缺問題。別被這句話的物理學名詞嚇到，其實解釋起來是這樣：現在的粒子物理學已經有太多基本粒子了，對理論物理學家來說，他們不太喜歡這種情況，好像粒子物理學家們的工作，就是不斷發現新粒子並貼上標籤似的。他們強烈要求找出合理的解釋，告訴大家：為什麼這種基本粒子和那種基本粒子不同？為什麼有的有質量、有的沒質量？為什麼有的是這種行為，有的是那種行為。希格斯場就（部分的）提供了解釋。而且，宇宙早期的暴脹和未來的命運，也跟希格斯場的性質有關。

這是很厲害的成就，雖然被命名為「希格斯場」，但實際上為它做出貢獻的專家並不只希格斯一個人。在粒子物理學裡補充了這個「場」，理論物理學家就向夢想中的大統一理論又稍微邁進一小步。不過，大家也知道，場是一個看不見、摸不著的概念，諾貝爾獎不吃這一套。幸好希格斯場的振動會導致一種粒子「希格斯玻色子」出現，跟看到潮汐就知道有海洋一樣，只要找到希格斯玻色子，就相當於證實希格斯場的存在。

雖然話是這樣說，但希格斯玻色子可是超級難找的東西，要不然怎麼會被稱為「上帝粒子」呢？就是因為很長一段時間內，大家都相信它的存在，可是沒人能證明這一點。直到二〇一三年，歐洲核子研究組織的大型強子對撞機，在無數次的重複實驗之後，找到可信的希格斯玻色子蹤跡。這時，希格斯已經八十四歲高齡了，倘若這個粒子發現得再晚幾年，他可能就真的要與諾貝爾獎擦肩而過了。

03 百科全書和斷頭臺，都是科學家想出來的

有這麼一說：十八世紀法國的兩大發明，是百科全書和斷頭臺。其實，這兩者都不是十八世紀才出現，但是法國人在這個時代，把它們變成了犀利又好用的東西。編纂百科全書的原因，是啟蒙運動（按：啟蒙運動的精神是相信理性、敢於求知，而百科全書就是集結知識的重要載體）；至於改進斷頭臺，當然是因為要砍的腦袋太多，劊子手忙不過來。

法國大革命期間，三年砍掉了六萬顆腦袋，其中包括不少價值連城的腦袋。最有名的當然是國王路易十六（Louis XVI）與王后瑪麗・安東尼（Marie-Antoinette），而最寶貴的一顆頭顱，大概就要算是化學家拉瓦節了。

這可能是斷頭臺砍過，最聰明的腦袋

其實，在拉瓦節人生前九〇%的時間，他都算是一個徹頭徹尾的人生贏家，家境殷實、學

業順遂、長輩疼愛。他從不缺錢的程度，可以從這個例子一窺一二：年輕時，拉瓦節有一次旅行到史特拉斯堡（Strasbourg），看到有家書店在賣巴黎買不到的德文書，都是醫藥、化學和地質學方面的書籍，他隨手就買了幾百本，價值五百枚金幣（約折合新臺幣四、五十萬元）。他把這些書打包寄回家之後，又繼續去旅行。

拉瓦節二十五歲時當上稅務官。稅務官這個職務，主要工作是收稅，負責每年向政府繳納足夠的稅款。

而當時的法律規定，如果稅務官的稅收，繳納給國王之後還有剩餘，就由稅務官自己支配。這個行業從古羅馬開始，就是個既賺錢卻又讓人痛恨的工作。

拉瓦節一年收入最多的時候，可以達到十五萬金幣。因此，他能有一個當時全世界最好的私人實驗室，畢竟一萬多個燒杯可是要花大錢買的。幾年之後，他娶了主管的千金，拉瓦節太太嫁給他的時候只有十四歲，受過良好的教育，可以在實驗室裡擔任他的助手，還能幫他翻譯英文文獻。兩個人每天在實驗室裡心情愉快、默契十足的工作五個小時，拉瓦節再

▲ 拉瓦節畫像。

去做他那份很賺錢的工作，可真是神仙般的日子。不過，他們很快就被打入凡間了。

導火線其實在之前就已經埋下。一八七〇年，有個年輕的化學家，向法國科學院提交一篇關於燃燒理論的論文。論文寫得不太好，身為審稿人，拉瓦節沒有讓它通過，又因為覺得文章水準太低，說了幾句不好聽的評價。但不知為何，這些話竟然傳到當事人耳裡，這位化學家從此懷恨在心。

他確實沒什麼科學天賦，最後並未出現在化學課本裡，倒是進入了歷史課本——法國大革命開始之後，這位名叫尚—保羅．馬拉（Jean-Paul Marat）的前化學家、前醫生迅速上位，和羅伯斯比爾（Maximilien de Robespierre）一起成為雅各賓派（按：雅各賓俱樂部〔Club des Jacobins〕，法國大革命時，政治上最有影響力的俱樂部，俗稱「雅各賓派」）的領導者。雅各賓派非常強調暴力革命，光在巴黎就砍掉了幾千顆腦袋。

這時，馬拉想起拉瓦節，認為他早就應該要被絞死。法國大革命是個混亂的時代，何況，**拉瓦節還修建了讓巴黎市民痛恨的巴黎城牆——拉瓦節身為一名稅務官，當然要嚴防走私，不過這道城牆確實斷絕不少民眾的生路**。而且，當時的「稅務總公司」最臭名昭著的行為，就是只向窮人收稅。

雖然，按照拉瓦節朋友們的說法，他是個既溫和又公正的人，但稅務官這個工作就註定跟這兩個詞無緣。

馬拉很懂得宣傳的力量，他親筆寫了一本小冊子來散播稅務官的罪惡。憑良心說，這一行確實出了不少巧取豪奪、欺凌弱者的事，但也有一些純屬汙衊。比如指控拉瓦節在收菸草稅時故意灑水增加重量。事實上，拉瓦節在這件事上很講道理，稱重都在灑水之前，一切交易以乾重為準，灑水只是為了防止菸草乾燥。

但是，馬拉才不管那麼多，就跟現在某些行銷口號一樣，越煽動越好。於是，民眾對稅務官們的仇恨達到頂峰，稅務總公司很快被解散了。但這還不夠，民眾繼續發出強烈的呼喊，認為一定要把稅務官全都抓起來砍頭！

很遺憾，馬拉看不到他一手導演的復仇行動結果如何（雖然，他一直堅持自己是為了國家和正義）。在那之前，他就在泡澡時被刺客夏綠蒂．科黛（Charlotte Corday）幹掉了，還催生出了賈克—路易．大衛（Jacques-Louis David）的名畫《馬拉之死》（*La Mort de Marat*）。

▲《馬拉之死》，描繪尚－保羅．馬拉被夏綠蒂．科黛刺殺、死在浴缸之中的場景，是法國大革命時期最著名的畫作之一。

不過，拉瓦節也沒能逃掉，他很快被逮捕，送上「革命法庭」。法庭上擺著一座馬拉的半身像，他就在那裡被判有罪，當天就在法國最忙碌的那座斷頭臺[58]被砍下腦袋。幾十天後，羅伯斯比爾在同一個地方、以同樣的方式結束生命，雅各賓派的統治也就此結束。大革命結束之後，拉瓦節被重新判定為無罪，但是法國最聰明的腦袋（至少也是最聰明的腦袋之一）已再也接不回去了。

拉瓦節的故事，還有個令人哭笑不得的後續。在他去世一百年時，法國人民決定鑄一座雕像。落成後大家都去瞻仰，直到有個人發現：「這個雕像做得一點都不像啊！」雕刻師才承認，他並沒有弄到拉瓦節的資料，而是照著另一位在大革命中喪生的數學家孔多塞（Condorcet）的頭像製作。他本來的想法是：「反正不會有多少人注意到這一點，你們跟他很熟嗎？不是只要有他的名字就可以了？」雕刻師這個想法倒也沒錯，於是，雕像一直就擺在那裡沒有更改，放了幾十年後，二戰期間被當作廢鐵熔掉了。至於有沒有變成炮管或刺刀，就沒人知道了。

早就被懷疑是共產黨，但因為有才能而錄用

即便是在二十世紀，冷戰期間也有科學家因為誣告而遭到迫害。羅伯特·歐本海默就是如此，幸好現代社會已經不能隨便砍頭，只能把他趕出研究專案，永不錄用。

這件事的開端是這樣：歐本海默是「曼哈頓計畫」中負責原子彈設計的物理學家，率領一

個龐大的科學家團隊，在洛斯阿拉莫斯研究當時的世界頭號殺器，也就是後來投到日本廣島和長崎的兩顆原子彈。還在選址時，歐本海默的朋友哈康·切瓦利埃（Haakon Chevalier），加州大學柏克萊分校的語言學家，他到歐本海默家吃飯時，提起他們的一個共同朋友：「你記得那個曾經在蘇聯待過一段時間的人嗎？他說他有辦法把技術情報送到蘇聯。」

歐本海默原先沒把這段對話當一回事，後來左思右想，總覺得不對勁，就主動呈報。而當他被追問時，卻又不願意把切瓦利埃說出來。美國聯邦調查局（ＦＢＩ）本來就在疑神疑鬼，於是立刻得出結論：「除非歐本海默在現實生活中，如同兒童那樣幼稚得讓人不敢相信，否則他就是極其狡猾的敵人和不忠誠分子。」

這樣一來，就留下案底了。

但歐本海默自己並不知道的是，早在他被聘請進入曼哈頓專案的時候，ＦＢＩ就提出過反對意見。理由很簡單：他有個多半是共產黨的前女友，還有個確定是共產黨的太太，弟弟和弟媳也是共產黨。所以，ＦＢＩ早就開始監視他了。要是監視費用能分個一、兩成給被監視的對象，這麼多年下來，他早就成了百萬富翁。

58 位於協和廣場（Place de la Concorde）上的那一座斷頭臺，路易十六和瑪麗·安東尼也在此被處決。

當然，輕微的被害妄想症是情報部門必須的職業素質，他們有責任比別人更警戒；不過，在**科學家看來則完全不一樣，因為他們確實沒什麼東西能給間諜偷**。那個時候，他們的主要任務是純化放射性元素，而用來分離同位素的巨型加速器，需要有一個巨大的電磁鐵。有多大呢？做這個電磁鐵所需要的巨大線圈，全美國的銅都不夠用。於是，曼哈頓計畫的主持人歐本海默就去跟財政部借儲備的白銀。財政部知道這件事很重要，拍胸脯保證：「要借多少都行！」

「太好了，先調六千噸給我吧！」

財政部雖然傻眼，最後還真的借了六千噸的白銀[59]給他。要是換成別的國家，絕對是拿不出來的。所以，一定也有人巴不得讓共產黨間諜偷走這種方案，讓他們也為白銀煩惱吧！

不過後來，隨著曼哈頓計畫進展，間諜與反間諜的戰線也就越來越精彩。當時的研究可是分秒必爭，因為大家都知道納粹也在研究，萬一德國人先把原子彈製造出來，戰爭的結果就很難說了。

等到原子彈試爆成功，「小男孩」和「胖子」在日本的廣島和長崎先後爆炸，物理學家們猛然意識到，從自己手裡釋放出可怕的惡魔，多數人開始後悔，於是致力於控制原子能的使用。「原子能委員會」（United States Atomic Energy Commission）就是因此而成立，歐本海默被選為科學顧問委員會主席，致力於控制所有原子武器的試驗和使用。這可是個得罪人的位子，不管是軍方還是軍火商，都想掌握這個武器。另一方面，由於歐本海默在曼哈頓計畫期間，一直反對研究氫彈，所以主張研製氫彈的幾位專家也對他心懷不滿。

曼哈頓計畫真的有間諜，但不是歐本海默

差不多在專案成功後，ＦＢＩ就開始秋後算帳。接下來好幾年，歐本海默斷斷續續的接受多次關於「切瓦利埃事件」的質詢，ＦＢＩ對他進行長期監視，懷疑他是蘇聯的間諜。特別是在一九四九年蘇聯試製原子彈成功之後，他們質疑蘇聯怎麼這麼快就製造出原子彈？一定有間諜偷偷洩露資料，必須抓出來！

實際上，曼哈頓計畫的團隊裡確實有一個間諜，不過並不是歐本海默，而是來自英國的德國核子物理學家克勞斯・富赫斯（Klaus Fuchs）。一九五〇年一

▲ 克勞斯・富赫斯被警察記錄的照片（約為1940年）。

59 若按中國古代的計量方法，就是一億九千兩百萬兩，相當於《馬關條約》賠款的金額（兩億兩白銀）。

月，他在倫敦被捕，供認他在整個戰爭期間和戰後，都向蘇聯遞送技術情報。美國人聽到這個消息簡直絕望，因為富赫斯當時就是專門管理技術資料。從原子彈的資料，到後來的氫彈資料，全部都要經過他。也就是說，蘇聯人已經在製造氫彈了，他們不但沒有落後，還走在美國人前面！

一方面，冷戰的軍備競賽，造成緊張的氣氛；另一方面，美國國內兩黨間的政治鬥爭，導致一九五〇年開始的「麥卡錫主義」，也就是對共產黨員的迫害。FBI還沒忘記自己懷疑過歐本海默是共產黨員，何況真間諜富赫斯也是歐本海默親自招進團隊的。

首先，歐本海默的弟弟弗蘭克（Frank Oppenheimer）遭到迫害，他在多年前曾經是共產黨員。弗蘭克失去了實驗室的工作，大學也待不下去，被迫回到自家的牧場養牛。接著就輪到歐本海默本人，先是原子能委員會的執行長威廉·博登（William Borden）寫給FBI一封長信，羅列一大堆莫須有的罪名，指控歐本海默是蘇聯間諜，導致總統下令對他審查，並要求在案件弄清楚之前，不能再讓歐本海默接觸任何機密資料。**一個為國效力又為和平呼籲奔走的科學家**，突然被通知去參加聽證會，**被指控的罪名居然是通敵叛國**。

當初，原子彈專案的團隊成員都來為歐本海默做證，只有少數幾位在做證時認為歐本海默確實「不可信任」。這後來造成美國物理學界最大的一次分裂，許多人從此就再也不互相往來。前面提過的幾位匈牙利的火星人裡，泰勒就充當一次反派角色，不少朋友從此跟他斷交。後來，費米臨終前還惦記著要勸他跟大家道歉，重新和好，但最後也沒能看到這一幕。

另外一位跟泰勒站同一邊的有名人物是路易斯·阿爾瓦雷茨（Luis Alvarez），二十世紀最好的實驗物理學家之一，一九六八年拿到諾貝爾物理學獎。不過，他還做過一個你一定知道的貢獻，比他拿到諾貝爾獎的「氫氣泡室技術和資料分析方法，從而發現一大批共振態」要有名得多，那就是他和地質學家的兒子共同推斷出，恐龍滅絕是由一顆巨大小行星撞擊地球所導致的。不過，他一九八八年就去世了，來不及看到人們發現當初那次撞擊留下的隕石坑——位於墨西哥猶加敦（Yucatán）半島上的希克蘇魯伯隕石坑（Chicxulub crater）。

聽證委員會的最後裁決很有趣。他們承認歐本海默是「一位忠誠的美國公民」，然而又認為「恢復他的安全許可是不合適的」。事實上，起訴方提供給聽證委員會的那些證據，全都是早在一九四二年曼哈頓計畫之前，ＦＢＩ就已掌握的。當時，**因為歐本海默能在原子彈研發上有很大貢獻，官方在明知這些資訊的情況下，特別批准他的安全許可證；當計畫結束，不需要他的時候，又翻出舊帳來說他是危險分子**。幸好他們不是做科學的，否則科學界恐怕更加腥風血雨。

04

再偉大的天賦，都得建立在能夠活下來的前提上

網際網路的出現，改變了人們的工作方式，其中改變程度最深的群體之一，就是科學家。

從前，他們做研究需要兩大要件：圖書館和科學通信；如今，兩大要件都已經數位化，變成一大堆的零和一在光纜中飛竄，就只剩實驗設備還不能隨身攜帶。所以，對於理論派的學者來說，只要有網路，在哪裡做研究都可以。網路是沒有籓籬的世界，國籍、階級、貧富、宗教，全都無法把誰隔離。但在網路把大家都變「宅」之前，地球遠沒有如今這麼扁平的時候，情況則大有不同。

科學家再怎麼孤僻，也算是地球生物圈的一部分，他們也會跟花趨光一樣，會挑舒服的地方待著。首先，他們有成團的習性——你說，我說過偉大的頭腦都是孤獨的？那是在生活上。但在精神上，天才們一般都還是需要朋友的交流和認同，不然很容易得憂鬱症。其次，**安全和舒適的生活也很重要，再偉大的研究都得建立在能活下去的前提之上**。雖然對其他的事，每個人關心的點也許都不一樣，但這兩條差不多是通則。

有人仔細研究過去幾百年間，科學家們出生和去世的地點變化，發現他們的遷居中心不斷改變，從佛羅倫斯到巴黎，接著到柏林，隨後一窩蜂擁向美國。

而考察百餘年來諾貝爾科學獎得主的分布，早期是德國最多，英國次之；二戰後美國從後超越，隨後距離就越拉越大，再也沒被任何國家追上。至於遷出國的人數，絕對是俄羅斯為冠，從一九九〇年到現在，定居國外的俄羅斯科學家已經接近兩萬名，其中一半以上是數學家，四分之三是物理學家（為什麼加起來大於一？因為，有些物理學家同時也是數學家）。考察科學家的國籍變化，也是很有趣的事。

人類是社會化的動物，「與有榮焉」這個技能點是集體意識的一部分，寫在基因裡的。別人的光芒萬丈是不是真的跟自己有關，不重要，人們的第一反應都是先把他拉到「自己人」這邊來。例如，德國和瑞士就爭奪過愛因斯坦這個「寶」。

愛因斯坦到底是哪國人？爭了老半天，最後還是美國人

當初，愛因斯坦拿到諾貝爾獎時，正在去日本講學的路上（他獲得的是一九二一年的諾貝爾物理學獎，但頒獎是在一九二二年），他並沒有萬里迢迢跨越整個歐亞大陸去領獎。一來路途遙遠，跑一趟起碼要花一個月和半條命；二來，說不定他也預料到他的國籍問題。

總之，在他動身出發日本之前，已經有小道消息告訴他：「十一月時，可能會發生一些需要您在十二月留在歐洲的事件。」勸他先別出發。這等同於明示他一定會得諾貝爾獎了。但是，當時德國國內動盪不安，甚至謠傳說他的生命安全受到威脅，所以愛因斯坦也沒改變計畫，自顧自的跑去亞洲了。

諾貝爾獎的獲獎人如果不出席，獎金需要請人代領。因此，瑞典皇家科學院的電報送到了愛因斯坦在柏林的住所：「授予您諾貝爾物理學獎，餘函詳。」德國駐瑞典大使就去幫他代領，還發表一番官方演講。外交官說話都是既文雅又得體的，他表示：「我國人民因為他們之中的一員，能再次為全人類做出貢獻，而感到由衷的喜悅。」這段話的關鍵字有二，一是「我國」，二是「再次」。

自威廉．倫琴（Wilhelm Röntgen）因發現 X 射線而獲得首屆諾貝爾物理學獎開始，過去二十年間，有七年都是德國物理學家獲獎；而在一戰之後，德國國內狀況非常糟糕，需要這次獲獎來提振士氣。

接著，他又矜持的說願意把這個榮耀跟瑞士人民分享一下：「希望在許多年內，為這位學者提供一個家和工作機會的瑞士，也能分享這種喜悅。」這句話讓瑞士人民立刻翻桌：什麼「你國人民中的一員」？愛因斯坦現在拿的可是瑞士護照！他在瑞士高中畢業、在瑞士上大學、在瑞士得到第一份工作、在瑞士娶了老婆，現在他怎麼變成德國人了？

其實，這個問題德國人自己也搞不清楚。而這位大使也很謹慎，領獎之前還先發電報問了這個問題。外交部的答覆是「愛因斯坦是瑞士人」，文化部的答覆則是「愛因斯坦是柏林科學院院士，所以他必須是德國人」。因此，大使就帶著迷惘幫他領獎了，反正愛因斯坦要回家，也是回柏林。

究竟這筆糊塗帳是怎麼產生的？因為愛因斯坦曾接受柏林科學院的研究職位，才會遷居到柏林。德國的教授和研究人員屬於國家工作人員，所以規定必須是德國人，愛因斯坦當時肯定也被要求加入德國籍。

但問題是愛因斯坦本人堅決不認帳，還親自去拜訪了外交部長，表示：「當初說好讓我保留我的瑞士國籍，不然我才不會答應你們！」反正，回頭去查他進出日本的通關紀錄，使用的確實是瑞士護照；後來諾貝爾委員會郵寄獎章和證書時，收件地址也是瑞士駐德國大使館。瑞士大使上門，親手把獎章和證書交給愛因斯坦，這齣大戲才落幕。

最後，德國和瑞士誰都沒有留住這位二十世紀最偉大的科學家。一九四〇年十月一日，愛因斯坦宣誓加入美國國籍。普林斯頓小鎮才是他最後的歸宿。為了支援美國對軸心國開戰，他拍賣了狹義相對論的手稿——當然，不能指望不修邊幅且丟三落四的愛因斯坦，完整的把文件從一九〇五年一直保留到幾十年後，這份拍賣的手稿是他後來寫的，賣了六百五十萬美元，在當時可以算是一筆巨款。

愛因斯坦在普林斯頓最好的朋友是哥德爾，他生在捷克，成長在奧地利，講德語，因為不願意離開維也納，一直拖到一九三九年底才離開歐洲。如果當時再晚幾天，他可能就再也走不了。他終於下定決心離開的原因，是當時有一群小混混以為他是猶太人（不過，他真的不是）而毆打他，幸好他的太太大發威，用長柄雨傘揍跑了混混們，才沒出什麼大事。

哥德爾在戰後也打算申請加入美國籍。提出申請之前，他先研究了一下美國憲法，身為一位邏輯學家（應該也是二十世紀最好的邏輯學家之一），他發現美國憲法裡有前後不一致的地方，而這個矛盾很容易就能推出一個獨裁統治者。不過，他還是提出申請，並請愛因斯坦當他的證人，然後把這個發現告訴他。

愛因斯坦一聽覺得不妙，絕不能讓這傢伙在移民官面前，把這些話說出來！但正面告誡對哥德爾來說行不通，邏輯學家不接受外加的規則，他只好在前往法院宣誓的路上，費盡心思不斷東拉西扯，希望分散哥德爾的注意力。

這個工作如果換成費曼來做的話，也許能夠愉快勝任，但是愛因斯坦完全不是個能談天說笑的人。而且，就算他成功也沒用，因為法官一開口他就傻眼了：「你認為像德國這樣的獨裁政權，有可能在美國發生嗎？」

在場所有朋友都心中一涼，覺得這回完蛋了。但是，哥德爾一聽見這個問題，頓時神采奕奕，立刻準備嚴肅又縝密的陳述，為什麼美國憲法在邏輯上允許一個法西斯政權崛起。幸好這位法官跟他們也是老朋友（當初，愛因斯坦也是在他面前宣誓的），一看苗頭不對，異常機智的打斷話題。接下來的程序比正常情況快了三倍，在哥德爾還沒找到機會再撿起話頭時，大家就通力合作讓他宣誓完畢了。

其實，也有美國不想碰的科學家

對任何一個國家來說，頂尖科學家都是國寶級的存在，當然希望能把他們全都據為己有。不過，美國也做過就是不給綠卡，就是不讓你入境美國的事。就算有一場缺了你就沒辦法進行的會議也一樣，想入境？對不起，門都沒有。

當時，會讓美國拒絕某個科學菁英入境的原因，一般只有兩個：一是同性戀（所以圖靈來不了美國，這讓馮紐曼非常失望），二是跟共產黨沾上關係。而判斷一個人是不是共產黨的理由就太多了，比如歐本海默娶了個疑似曾是共產黨員的老婆，或是艾狄胥曾寫信給華羅庚（按：中國數學家、政治人物）。雖然艾狄胥的信件開頭其實是這樣：「親愛的華，設P是一個奇質數……」不過，兩位數論學家的學術通信裡面充滿會被誤認為是密碼的天書符號，被誤認是共產黨可一點都不奇怪。

不過，就算艾狄胥不寫信給華羅庚，他也不太受美國歡迎。這個火星人，一直無法理解地球人為什麼要有那麼複雜的行為規範。當初，他主動跑去洛斯阿拉莫斯毛遂自薦，願意為原子彈的研製出一份力，可是又強調自己以後要回布達佩斯，因為他母親還在那裡。但當時匈牙利是蘇聯的地盤，因此美國人拒絕了他。

艾狄胥被拒絕之後，還故意寫信給原子彈小組的同鄉：「親愛的彼得，我的間諜告訴我山姆（按：指美國）正在製造原子彈，這是真的嗎？」這種玩笑其實真的很不好笑，但他只是習慣性跟權威對幹，就像他總是針對上帝一樣。

後來，美國國內的反共形勢越來越嚴峻，已經到了沒有朋友敢打電話到匈牙利給他的地步了——匈牙利在當時屬於蘇聯陣營，打向那裡的長途電話必然被美國監聽，而一旦你的電話有被監聽的前科，你就惹上麻煩了。

為了防備艾狄胥回到布達佩斯，移民局的官員不希望他離開美國。可是艾狄胥個性偏偏很硬，不讓他做什麼他就偏要做。一九五四年，他去阿姆斯特丹參加一個國際數學會議（當然是為了數學，別的事他沒興趣），離開美國時就被吊銷了美國綠卡，匈牙利也不允許他入境。於是，他真的當了一年左右的「火星人」，沒有國家可去，誰都不肯給他簽證。

後來，朋友們幫助他得到匈牙利的「特別護照」，允許他作為匈牙利人在國外居住，這在當時的匈牙利簡直是奇蹟。但是，正因為和匈牙利扯上關係，艾狄胥想進入美國就更加困難，不管是大學校長、學術名人還是參議員的邀請函，都沒辦法幫助他來到美國。按照艾狄胥的原話：

「美國國務院制定對外政策時，對以下兩點毫不動搖：不允許中國進入聯合國，不允許保羅（艾狄胥的名字）進入美國。」

中國後來進入聯合國，而艾狄胥也總算在幾百位數學家的聯名呼籲下，又能入境美國了。這對他來說很重要，因為美國聚集了全世界最好的數學家。這樣一來，他又可以繼續他那居無定所的旅行，不斷跑到不同數學家的家裡叨擾，和他們討論問題啦！

issue 42

找到強項，偏才也會變天才

重考、被當、失敗、轉行，頂尖科學家也曾被人唱衰看輕，他們如何化解、何時開竅？

作　　者／劉茜
責任編輯／連珮祺
校對編輯／江育瑄
美術編輯／林彥君
副 主 編／馬祥芬
副總編輯／顏惠君
總 編 輯／吳依瑋
發 行 人／徐仲秋
會計助理／李秀娟
會　　計／許鳳雪
版權主任／劉宗德
版權經理／郝麗珍
行銷企劃／徐千晴
行銷業務／李秀蕙
業務專員／馬絮盈、留婉茹
業務經理／林裕安
總 經 理／陳絜吾

國家圖書館出版品預行編目（CIP）資料

找到強項，偏才也會變天才：重考、被當、失敗、轉行，頂尖科學家也曾被人唱衰看輕，他們如何化解、何時開竅？／劉茜著. -- 初版. -- 臺北市：任性出版有限公司，2022.10
304面；17×23公分. --（issue；42）
ISBN 978-626-96088-8-1（平裝）

1. CST：科學家　2. CST：世界傳記　3. CST：通俗作品

309.9　　111010748

出 版 者／任性出版有限公司
營運統籌／大是文化有限公司
臺北市 100 衡陽路 7 號 8 樓
編輯部電話：（02）23757911
購書相關諮詢請洽：（02）23757911 分機 122
24小時讀者服務傳真：（02）23756999
讀者服務E-mail：haom@ms28.hinet.net
郵政劃撥帳號：19983366　戶名：大是文化有限公司

法律顧問／永然聯合法律事務所
香港發行／豐達出版發行有限公司 Rich Publishing & Distribution Ltd
地址：香港柴灣永泰道 70 號柴灣工業城第 2 期 1805 室
Unit 1805, Ph.2, Chai Wan Ind City, 70 Wing Tai Rd, Chai Wan, Hong Kong
電話：21726513　傳真：21724355
E-mail：cary@subseasy.com.hk

封面設計／孫永芳　內頁排版／江慧雯
印　　刷／緯峰印刷股份有限公司

出版日期／2022 年 10 月初版
定　　價／新臺幣 360 元（缺頁或裝訂錯誤的書，請寄回更換）
I S B N／978-626-96088-8-1
電子書ISBN／9786267182000（PDF）
9786269608898（EPUB）